JN026097

【大人のための図鑑】Picture book for adult

ビジュアル版

新版 地球・生命の大進化

46億年の物語

田近英一◉監修
Eiichi Tajika

新星出版社

contents

第1部 地球の誕生と進化

第1章 地球形成期

第2章 冥王代〜太古代

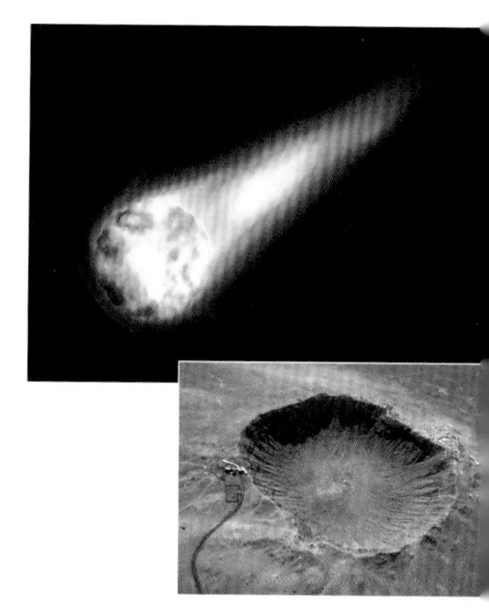

第3章 原生代

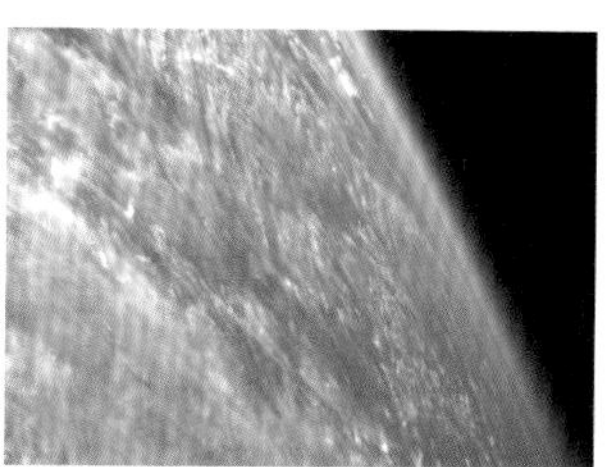

第2部 現在までの地球

第4章 古生代

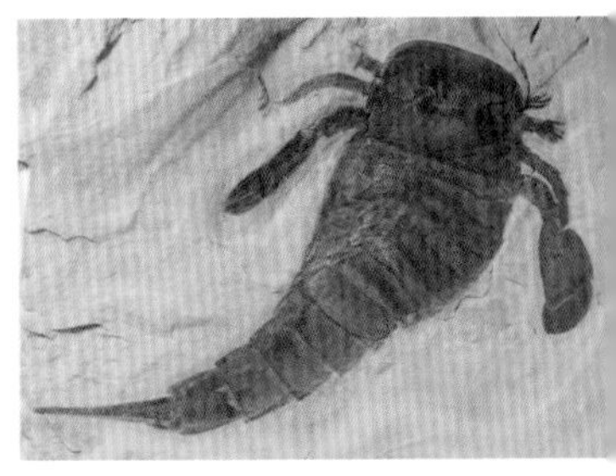

第5章 中生代

第6章 新生代

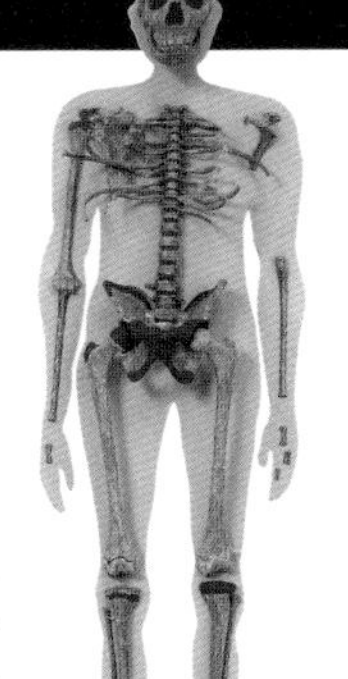

第3部 地球と人類の未来

第7章 未来の地球

写真・イラストクレジット

【p.8-9】NASA/NOAA/GSFC/Suomi NPP/VIIRS/Norman Kuring
【p.10】NASA
【p.12】Jeffrey Kargel, USGS/NASA JPL/AGU、NASA
【p.14】NASA/GSFC/METI/ERSDAC/JAROS, and U.S./Japan ASTER Science Team、NASA、Space Imaging
【p.16-17】Jesse Allen, Earth Observatory, using data obtained from the University of Maryland' s
【p.18-19】Norman Kuring, NASA Ocean Color Group、NASA/James Yungel、Jesse Allen, Earth Observatory, using data obtained from the Goddard Earth Sciences DAAC、NASA
【p.29】NASA
【p.31】wdeon / Shutterstock.com
【p.33】NOAA
【p.41】NASA
【p.48】NASA/JPL-Caltech
【p.50】NASA
【p.52-53】NASA/JPL
【p.60】NASA/JPL-Caltech
【p.64-65】NASA/JPL/USGS、NASA
【p.70-71】NASA
【p.76-77】NASA、NASA/JPL
【p.91】NASA/Mary Pat Hrybyk-Keith
【p.126-127】Esteban De Armas/Shutterstock.com
【p.172-173】L.H.4 下顎骨 (Australopithecus afarensis)、STS 5頭骨(Australopithecus africanus)、KNM-WT 17000頭骨 (Australopithecus/Paranthropus aethiopicus)、SK 48 頭骨 (Australopithecus/Paranthropus robustus)、OH 5頭骨 (Australopithecus/Paranthropus boisei)、OH 9 頭骨 (Homo erectus/ergaster)、カブウェ1 頭骨 (Homo heidelbergensis)、ラ・シャペローサン頭骨 (Homo neanderthalensis) ／すべて国立科学博物館
【p.175】リャン・ブア 1 (Liang Bua) ／国立科学博物館
【p.184】Data courtesy Marc Imhoff of NASA GSFC and Christopher Elvidge of NOAA NGDC. Image by Craig Mayhew and Robert Simmon, NASA GSFC
【p.187】SeaWiFS Project, NASA/Goddard Space Flight Center, and ORBIMAGE、Jose Gil / Shutterstock.com
【p.204-205】Stefan Seip (AstroMeeting)、Xavier Haubois (Observatoire de Paris) et al.、NASA, ESA, and the Hubble Heritage Team (STScI/AURA)、NASA, ESA, H. Bond (STScI) and M. Barstow (University of Leicester)
【p.206-207】NASA/JPL-Caltech、NASA, ESA, CXC, SAO, the Hubble Heritage Team (STScI/AURA) , J. Hughes (Rutgers University)
【p.211】NASA, ESA, and G. Bacon (STScI)、NASA, ESA, and D. Aguilar (Harvard-Smithsonian Center for Astrophysics)
【p.212-213】NASA/ESA/G. Bacon (STScI)、NASA/JPL/University of Arizona、NASA/JPL/USGS、Seth Shostak/SETI Institute
【p.214-215】NASA、NASA/Kim Shiflett、NASA/Joel Kowsky、NASA/Dominic Hart、NASA/JPL-Caltech

その他写真・資料提供（順不同）

西予市、西予市城川地質館、大学共同利用機関法人自然科学研究機構国立天文台、三笠市立博物館、福井県立恐竜博物館、国立科学博物館、独立行政法人宇宙航空研究開発機構(JAXA)、独立行政法人海洋研究開発機構(JAMSTEC)、PANA通信社、川上紳一、嶋村正樹、山岸明彦、原田馨、Shuhai Xiao、NOAA(The National Oceanic and Atmospheric Administration)

●編集　アーク・コミュニケーションズ
●編集協力　アーク・コミュニケーションズ
武田純子
●取材・執筆　荒舩良孝
●本文デザイン　倉橋潤平、熊切江梨子
(プログループ)
●イラスト　加藤愛一、木下真一郎
月本佳代美、風美衣
●図解イラスト　アート工房
飛鳥井羊右(デザインコンビビア)
●校正　米倉千里(聚珍社)

はじめに

地球温暖化に象徴されるように、地球は今、変化しつつあります。しかし実は、地球はこれまでもずっと変化し続けてきたということがわかっています。それも、現代の地球温暖化を上回る規模の超温暖化、全球凍結のような超寒冷化、小惑星の大衝突、超大規模火山噴火、海洋の無酸素化等、多くの生物種が絶滅するような破局的な変化を何度も経験してきました。

地球は今から約46億年前に誕生してから現在に至るまで、そうしたさまざまな経験をしながら進化してきましたし、これからもずっと進化し続けていくのです。そこには時間のたゆまぬ流れが存在し、時間とともに常に変化し続けるという、宇宙の普遍的な原理が垣間見えます。私たちが生きている現在は、過去から未来に続く「時間軸」の一断面に過ぎないのです。

生命は、そのような地球上で誕生し、幾度となく絶滅の危機に瀕しながらも、そのたびに生き延びて、現在まで進化してきました。生命の進化は地球環境の進化と密接に関係しているのです。

本書は、その「進化」をテーマに、ドラマに満ちあふれた地球と生命の歴史について、最新の考え方をわかりやすくビジュアルに解説したものです。さらに、地球や生命はこれからどうなっていくのか、現在より先の未来予測まで解説しています。本書を通じて、地球史／生命史の面白さと不思議さを感じていただければ幸いです。

田近 英一

巻頭特集

写真で見る 奇跡の星・地球

漆黒の宇宙にぽっかりと浮かび上がる青い惑星――それが私たちの住む星・地球だ。太陽から約1億5000万kmの距離にあり、22億分の1のエネルギーを受け取っている。その恩恵によって、豊かな自然が育まれ、多種多様な生物が暮らす「生命の星」となり得たのだ。ここでは、地球のさまざまな表情を見てみよう。

2012年1月頃、NASAの地球観測衛星「Suomi NPP」によって撮影された地球。中央に写っているのが北アメリカ大陸だ。地球は、その美しい姿から「The Blue Marble」（青いビー玉）とも呼ばれる。

水の惑星 海

生命の源

広大な海がもたらした穏やかな気候により、多種多様な生物が地球上に誕生した。

ニューヨーク州のフィンガーレイク

NASAの衛星から撮影された。人の指のように細長く並んでいる湖は、氷河によって同方向に浸食され、現在のような形になったという。

ボリビアのウユニ塩湖

正確には塩原であるが、塩湖と呼ばれることが多い。アンデス山脈が隆起した際、取り残された海水がそのまま干上がってできたという。夏から初秋にかけて、表面が乾き、人や乗り物が行き来することが可能になる。

紅海の住人たち

エジプトの紅海を悠々と泳ぐウミガメ（上）と、サンゴ礁に住む魚たち（下）。紅海は陸地から流れ込む河川がほとんどないことから透明度が高く、また温暖な気候のため、美しいサンゴ礁と固有の海洋生物が生息している。

極寒で寄り添う野犬

ヒマラヤの野犬。極寒の地ながら、ヒマラヤでは多数の野生動物が豊かな生態系を築いている。

8848m

インド・チベット間に東西に連なる世界最大の山脈。写真は8848mの最高峰エベレスト。

宇宙からとらえた姿

国際宇宙ステーションから撮影したヒマラヤ山脈。

ヒマラヤに生きるヤク

ウシ科の哺乳類、ヤク。山岳高地（野生種はチベット高原のみ）に生息する。

ヒマラヤの氷河

NASAの地球観測衛星「TERRA」から見たヒマラヤの氷河。

奇跡の星・地球 Earth Gallery

地球の屋根 山

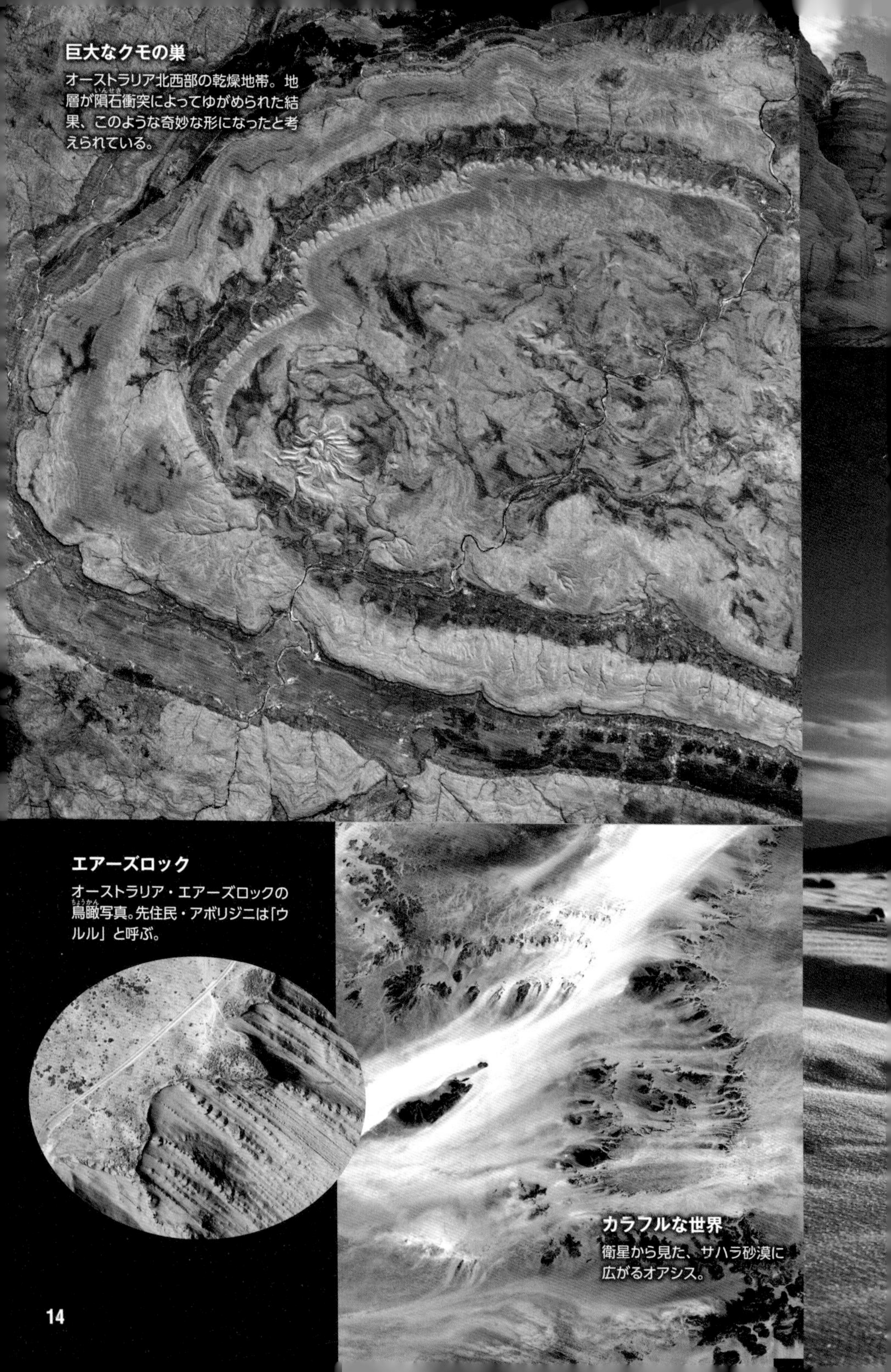

巨大なクモの巣

オーストラリア北西部の乾燥地帯。地層が隕石衝突によってゆがめられた結果、このような奇妙な形になったと考えられている。

エアーズロック

オーストラリア・エアーズロックの鳥瞰写真。先住民・アボリジニは「ウルル」と呼ぶ。

カラフルな世界

衛星から見た、サハラ砂漠に広がるオアシス。

時を刻む砂岩

長年の風食を経て徐々に形成された、サハラ砂漠の砂岩の崖。

砂漠の住人

オーストラリアのアリス・スプリングス砂漠公園に住むミリタリー・サンド・ドラゴン。厳しい環境でもたくましく生きる。

サハラ砂漠

アフリカ大陸北部に位置する、世界最大の砂漠（面積約900万km²）。地球規模の気候変動によって乾燥期と湿潤期が繰り返され、かつては森林や草原だった時期もあるが、約5000年前からは乾燥した気候が続いている。

奇跡の星・地球 Earth Gallery

乾いた大地

サハラ砂漠、エアーズロック、スパイダークレーター

奇跡の星・地球 Earth Gallery

動植物の楽園 マングローブ、熱帯雨林

世界遺産のマングローブ
インドとバングラディシュの国境沿岸のマングローブを衛星から撮影。細かい水路をつくりながら、マングローブは少しずつ海のほうへ広がっていく。

アマゾンに生息するカピバラ（左）とサル（右）の家族。多種多様な生物が住むアマゾンでは、今なお新種の野生生物が続々と発見されている。

色とりどりの鮮やかな羽毛を持つオウム。アマゾンではオウムをはじめ、オオハシやハチドリ、キツツキ等、現在1800種類の鳥類が確認されている。

発達した根

マングローブは、海水と淡水が混じる河口域にたまった泥に生育する植物だ。海や川から有機物が集まるため、恵まれた生物環境といえるだろう。

大きなくちばし

マングローブ林や熱帯雨林に生息するヒロハシサギ(Boat-billed Heron)。大きなくちばしが特徴で、カニやエビ等を捕食する。

地球の肺

南米のアマゾン川流域に位置する、世界最大規模の熱帯雨林。温暖で雨量が多く、さまざまな生物が暮らし複雑な生態系を持つ。大量の二酸化炭素を吸収して酸素を供給しているため、「地球の肺」とも呼ばれる。

自然が生み出す造形
オーロラ、温帯低気圧

空のキャンバスに広がる絵画

北極および南極地方の上空に出現する大気の発光現象、オーロラ。形と色が刻々と変化し、見る者を魅了する。地球環境が生み出す芸術的景観のひとつ。

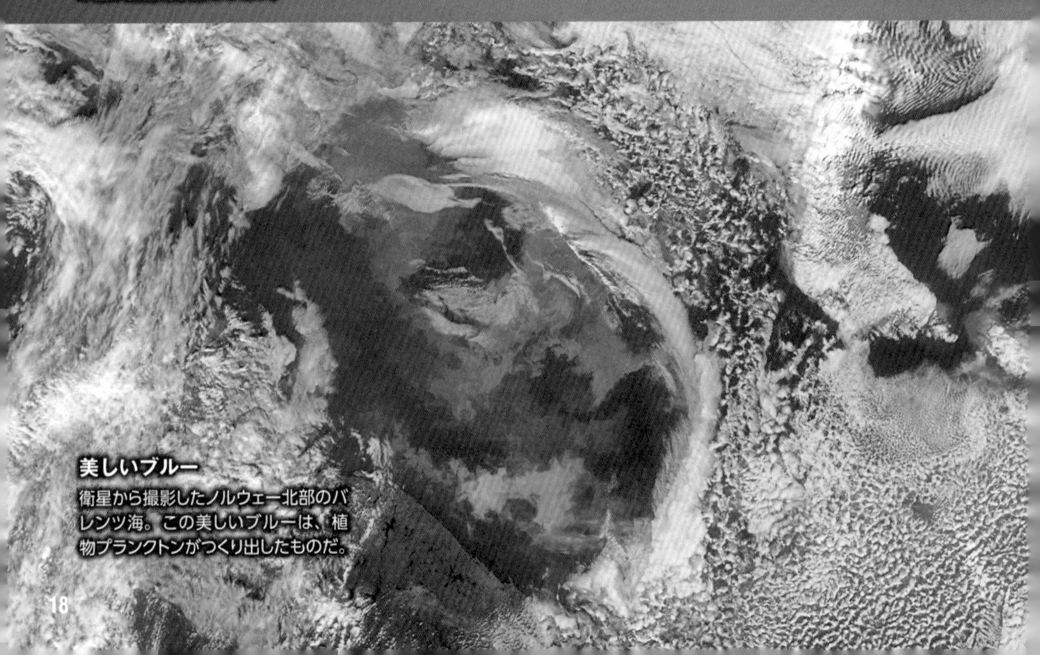

美しいブルー

衛星から撮影したノルウェー北部のバレンツ海。この美しいブルーは、植物プランクトンがつくり出したものだ。

巨大な砂の渦

2001年、中国のチーリン省で起こった温帯低気圧が砂を巻き上げた現象をとらえたもの。大量の砂が雲を飲み込んでいる様子がよくわかる。

積雲の道

カムチャツカ半島、アラスカ、アリューシャン列島に囲まれた、太平洋最北部の海・ベーリング海の上に現れた層積雲。列をなして道をつくっているように見えることから、「クラウド・ストリート」と呼ばれる。

沈みゆく夕日

北極近くの海氷に沈みゆく夕日。温室効果ガスの増加による地球温暖化の影響で、北極の海氷域面積は、近年急速に減少している。

地球上の生物の系統図

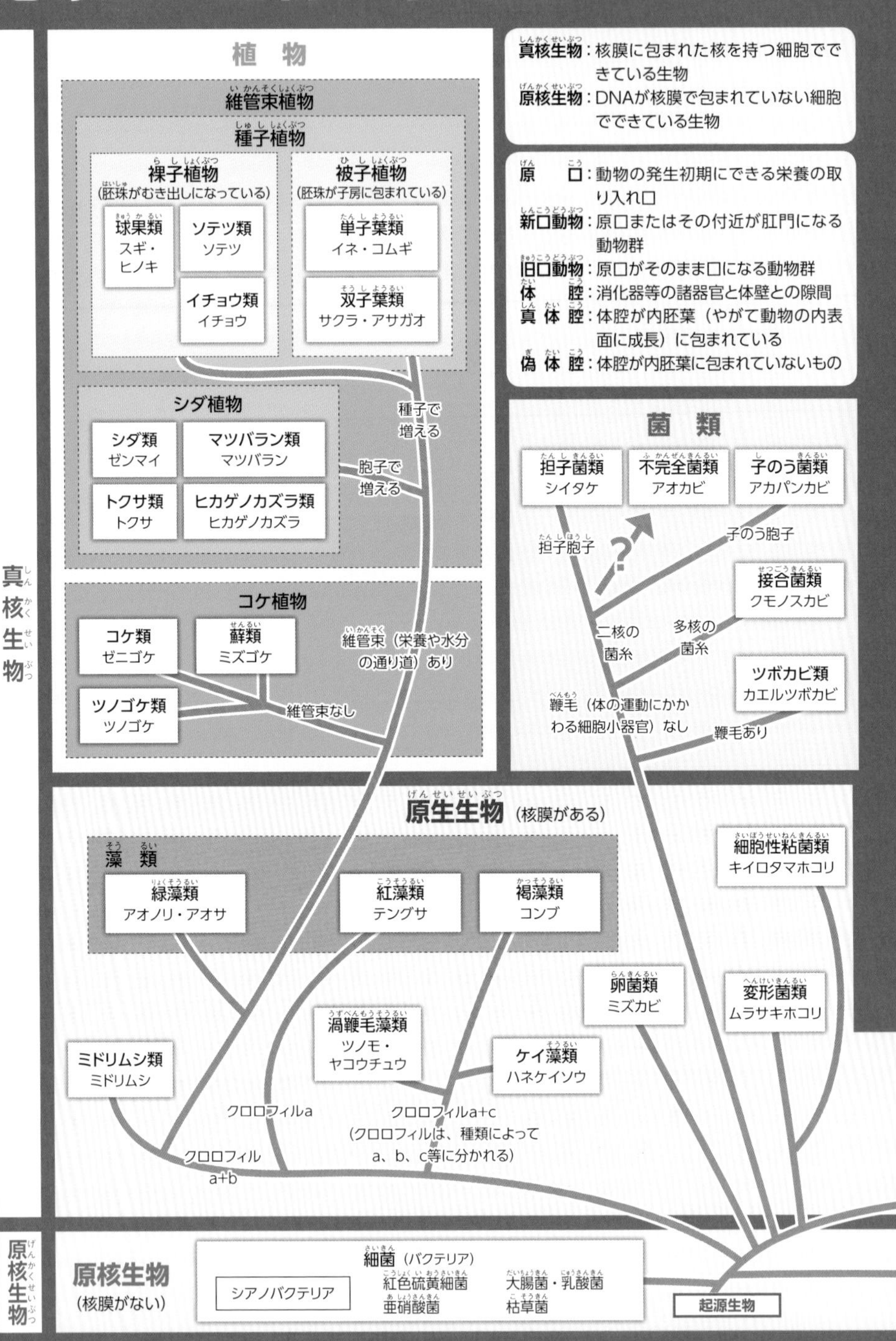

植　物
維管束植物
種子植物
裸子植物
(胚珠がむき出しになっている)
球果類
スギ・ヒノキ
ソテツ類
ソテツ
イチョウ類
イチョウ
被子植物
(胚珠が子房に包まれている)
単子葉類
イネ・コムギ
双子葉類
サクラ・アサガオ
種子で増える
シダ植物
シダ類
ゼンマイ
マツバラン類
マツバラン
トクサ類
トクサ
ヒカゲノカズラ類
ヒカゲノカズラ
胞子で増える
コケ植物
コケ類
ゼニゴケ
蘚類
ミズゴケ
ツノゴケ類
ツノゴケ
維管束（栄養や水分の通り道）あり
維管束なし
真核生物：核膜に包まれた核を持つ細胞でできている生物
原核生物：DNAが核膜で包まれていない細胞でできている生物
原　口：動物の発生初期にできる栄養の取り入れ口
新口動物：原口またはその付近が肛門になる動物群
旧口動物：原口がそのまま口になる動物群
体　腔：消化器等の諸器官と体壁との隙間
真体腔：体腔が内胚葉（やがて動物の内表面に成長）に包まれている
偽体腔：体腔が内胚葉に包まれていないもの
菌　類
担子菌類
シイタケ
不完全菌類
アオカビ
子のう菌類
アカパンカビ
担子胞子
?
子のう胞子
接合菌類
クモノスカビ
二核の菌糸
多核の菌糸
ツボカビ類
カエルツボカビ
鞭毛（体の運動にかかわる細胞小器官）なし
鞭毛あり
真核生物
原生生物（核膜がある）
藻　類
緑藻類
アオノリ・アオサ
紅藻類
テングサ
褐藻類
コンブ
細胞性粘菌類
キイロタマホコリ
卵菌類
ミズカビ
変形菌類
ムラサキホコリ
渦鞭毛藻類
ツノモ・ヤコウチュウ
ケイ藻類
ハネケイソウ
ミドリムシ類
ミドリムシ
クロロフィルa
クロロフィルa+c
(クロロフィルは、種類によってa、b、c等に分かれる)
クロロフィルa+b
原核生物
原核生物
(核膜がない)
細菌（バクテリア）
シアノバクテリア
紅色硫黄細菌
亜硝酸菌
大腸菌・乳酸菌
枯草菌
起源生物

地球上の生物の分類法はいくつかあり、その分け方によって二界説、三界説、四界説、五界説がある。いずれの方法にも問題点が指摘されているため、今後変わる可能性は高いが、ここでは五界説をもとに紹介する。

地球の内部構造

地球を卵にたとえて、殻が地殻、白身がマントル、黄味が核（外核と内核）と考えるとわかりやすい。

地殻

地表に近い岩盤で、大陸地殻と海洋地殻に分けられる。地球物理学的には地表面からモホロビチッチ不連続面（モホ面。地殻とマントルの境界面）までを指す。

マントル遷移層

深さ410～660km付近にある地震学的不連続面（地震波の速度・密度が急激に上昇する場所）で囲まれた領域。

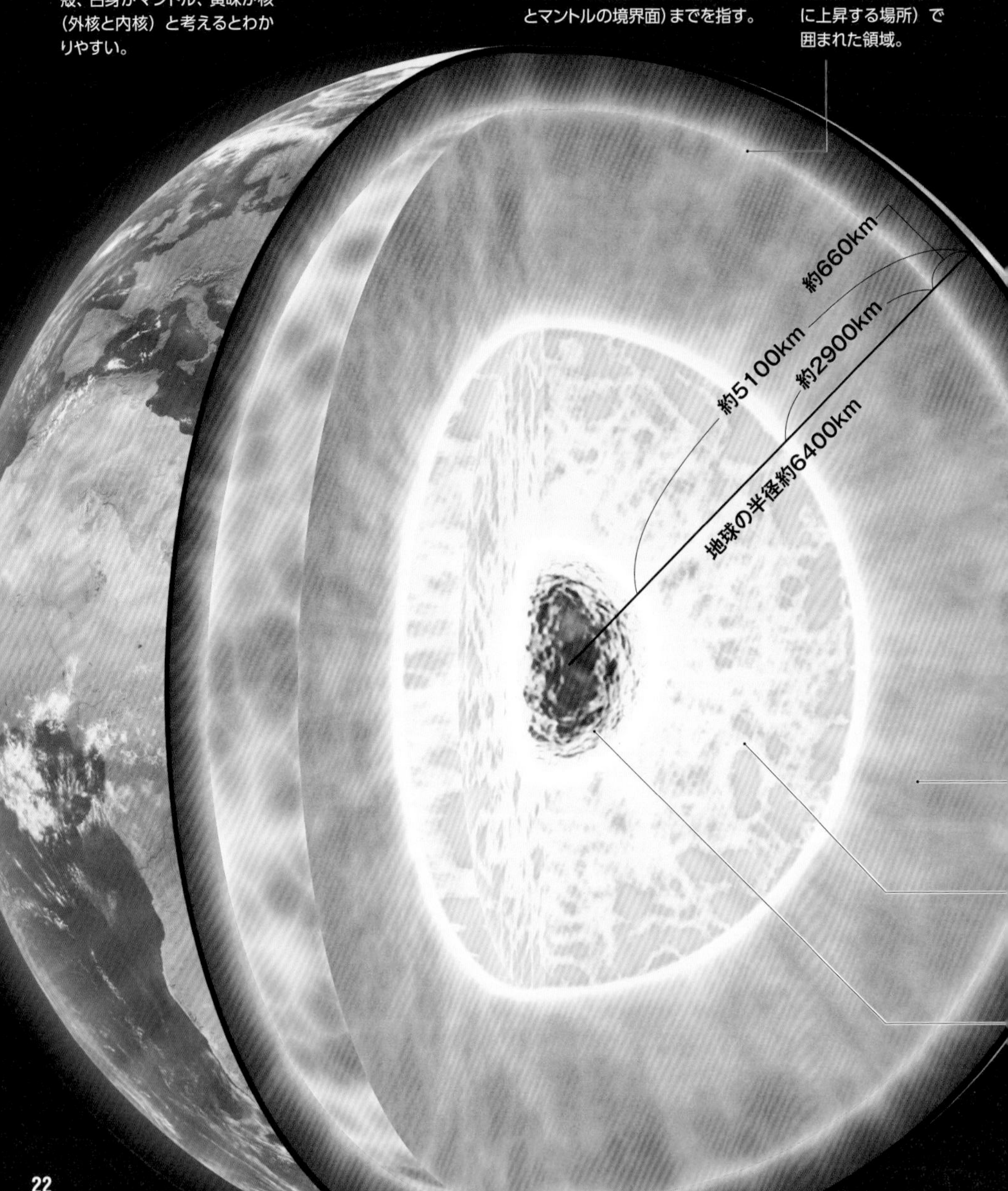

地球の特徴のひとつは、内部がまだ熱く、マントル対流や火山活動が生じていることである。まずは地球の基本的なしくみについて見ていこう。

ゆで卵のような3重構造

地球は半径約6400kmの球体で、そのほとんどが岩石と金属だ。内部構造は大きく3つで、中心に鉄やニッケル等の金属でできた核、その周りには超高温、超高圧状態の岩石からなるマントルがあり、一番外側は岩石を主成分とする地殻(ちかく)で覆われている。“ゆで卵”に例えると、核が黄身、マントルが白身、地殻が殻(から)のようなものだ。

核は鉄やニッケルが固体となっている内核と、液体として存在する外核に分けられる。外核と内核の境界面は深さ約5100kmの地点である。

マントルは上下に分かれ、上部マントルは主としてカンラン石（玄武岩(げんぶがん)等に多く含まれるケイ酸塩(さんえん)の鉱物）からなる。マントル遷移層(せんいそう)ではカンラン石の結晶構造が変わる。そして下部マントルは主として酸化マグネシウムとペロブスカイトという鉱物(こうぶつ)からなる。

一方、地殻は玄武岩質の「海洋地殻」と花こう岩質の「大陸地殻」があり、大陸地殻の方が軽いため、2つの地殻がぶつかる場所では、海洋地殻を含む海洋プレートが沈み込む。海洋域の地殻の厚さは約6kmと薄くて均一であるが、大陸域では地殻の厚さは場所ごとで違う。例えば、通常の大陸域での地殻の厚さは30kmほどだが、ヒマラヤのような高度の高い場所の地殻の厚さは90kmにも達する。地殻とマントルは、海底では約6km、大陸では25.75kmの深さにあるモホロビチッチ不連続面（モホ面）によって分けられる。

上部マントル

地震の伝わり方から上部マントルと下部マントルに分けられ、上部マントルは深さ約660kmよりも浅い領域。主としてカンラン石からなる。

下部マントル

深さ約660～2900kmのマントルの領域。主としてペロブスカイトからなる。

外核（液体）

深さ2900～5100kmの領域。外核は液体状態の鉄とニッケルからなり、その他に軽い元素が数%含まれている。

内核（固体）

深さ5100kmから地球の中心部までの領域（半径約1300km）。地球中心部の温度は太陽表面とほぼ同じ約6000℃という超高温で、圧力は約360万気圧という、超高圧だ。

COLUMN

地震波でわかる地球の中身

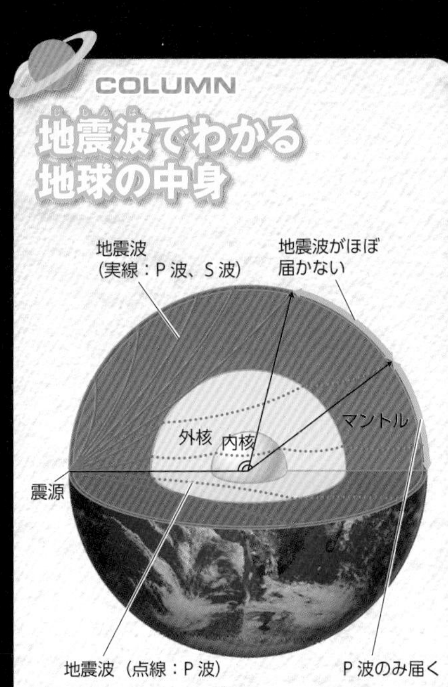

地震波は、速度の速いP波（Primary Wave）と速度の遅いS波（Secondary Wave）の2種類がある。P波は固体でも液体でも伝わるが、S波は固体しか伝わらない。この伝わり方の違いを利用し、地球内部の構造を解析しているのだ。

地球を覆うプレート

たくさんのプレート

地球の表面は、硬い岩盤でできている十数枚のプレートで覆われている。プレートは海洋プレートと大陸プレートに分けられ、1年間に1〜10cm程度の速度で動いている。

プレートの境界面では、プレート同士が遠ざかる、近づく、すれ違うといったダイナミックな現象が見られる。

プレート同士が遠ざかるのは海洋プレートがつくられる海嶺（かいれい）付近だ。この部分では、常に火成（かせい）活動が起こっており、新しいプレー

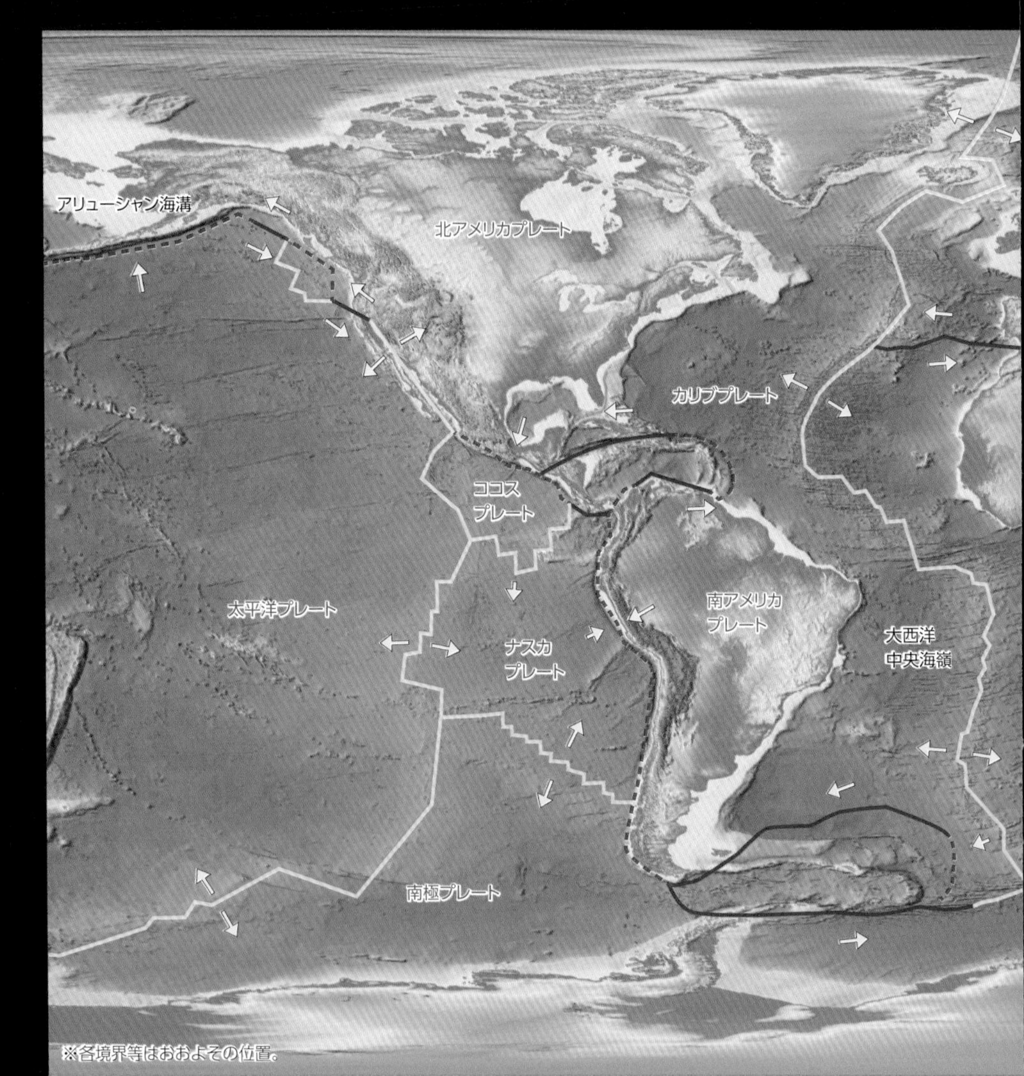

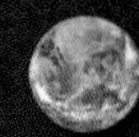

トが次々に形成されている。
　海洋プレートと大陸プレートの衝突部では、冷たくて密度の重い海洋プレートが大陸プレートの下に沈み込む「沈み込み帯」（「海溝」ともいう）ができる。このような場所ではプレートにひずみができやすいので、地震が頻発する。またこの付近では、沈み込んだ海洋地殻が溶融してマグマが発生し、火山活動が生じる。地震が頻繁に起こる地域と火山活動が活発な地域が重なることが多いのは、こうした理由による。
　プレートがすれ違う場所でも地震が生じている、アメリカ西海岸のように、プレートのすれ違う境界が地表に現れている場所では、内陸地震が頻繁に発生している。

プレートテクトニクス

地殻変動を引き起こすプレートの動き

地球の表面を覆っているプレートは、それぞれゆっくりと動いている。この原動力となるのが、プレートの下にあるマントルの対流だ。地表に超大陸が形成されると、ホットプルームが上昇してきて大規模な火成活動が生じる。それによって超大陸は引き裂かれて分裂する。やがて大陸は左右に離れていき、その中心には現在の大西洋やインド洋、東太平洋で見られる海嶺が形成される。海嶺の中軸には、海嶺中軸谷という溝ができ、そこから溶岩が噴き出し、新しい海洋地殻がつくられる。海洋地殻を含むマントル最上部は一緒に左右に拡大していくとともに、冷却されていく。この、冷たくて固い領域がプレートである。大陸地殻を含むプレートは大陸プレート、含まないプレートは海洋プレートと呼ばれる。

一方、海洋プレートが大陸プレートと接する場所では、海洋プレートが大陸プレートの下に沈み込んでいる。プレートの沈み込み帯付近では、深い溝のような海溝（最深部が6000mより浅いものはトラフと呼ばれる）が形成される。また、沈み込み帯付近では地震や火山の活動が生じる。

日本付近には日本海溝や南海トラフ等があり、地震や火山等の原因となっている。アルフレッド・ウェゲナーが提唱した大陸移動説は、海洋底拡大説によって再評価され、プレートテクトニクス理論に発展した。この理論によってさまざまな地殻変動を説明することができるようになった。

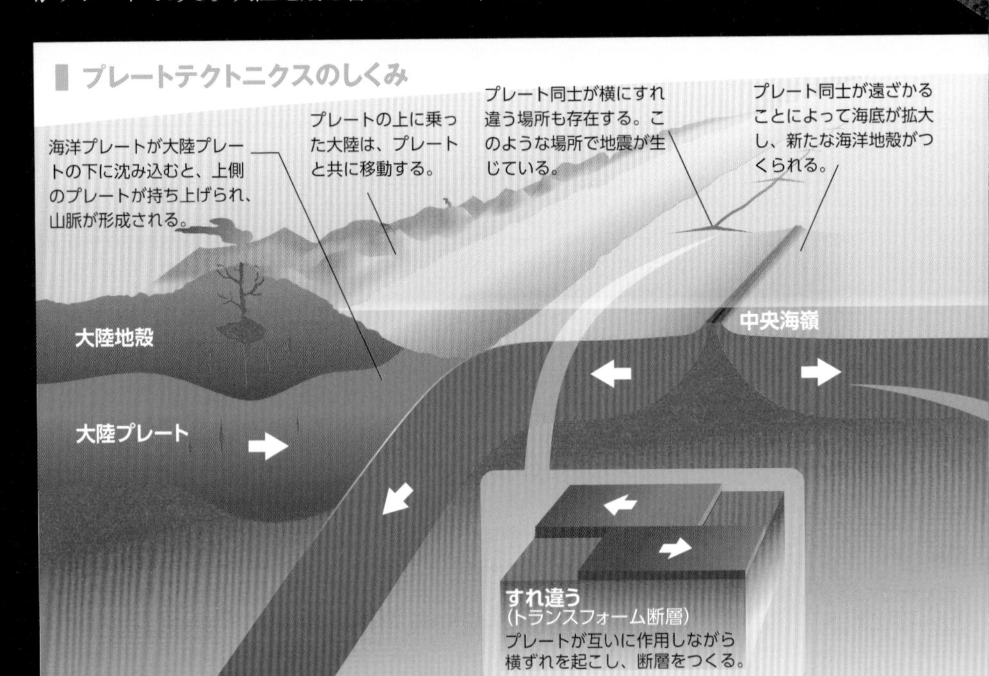

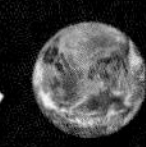

地殻とプレートはどう違う?

プレートとは、地殻とマントルの最上部をあわせた部分だ。プレートが動けば、地殻も一緒に動くことになる。プレート(リソスフェアとほぼ同義)は、深さ100km程度の冷たく硬い領域のことで、その下の流動性のある柔らかい領域はアセノスフェアと呼ばれる。

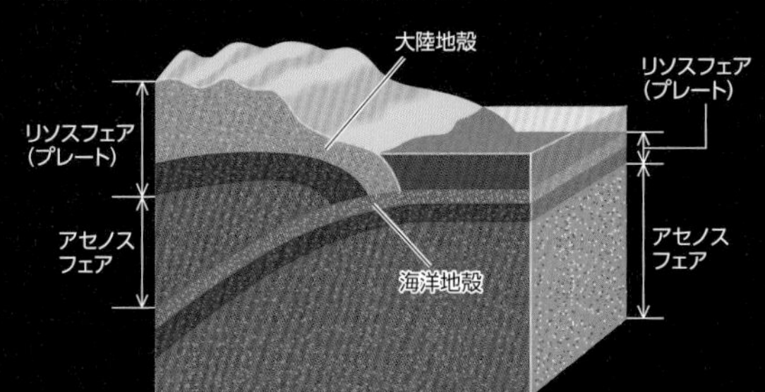

地球で最も深いマリアナ海溝を有する、フィリピンのマリアナ諸島。

アフリカ大地溝帯は、まさに今、大陸の分裂が起こっている場所である。

ヒマラヤ山脈も、大陸プレート同士がぶつかってできた。

海洋プレート同士が近づくと、片側のプレートがもう一方に沈み込んで海溝ができる。

海洋プレート

海洋プレート

アセノスフェア

遠ざかる
プレートが互いに反対側へ引っ張られ、海嶺や地溝帯ができる。

近づく
プレートが互いにまとまっていくことで、山脈や海溝ができる。

マントルのダイナミクス

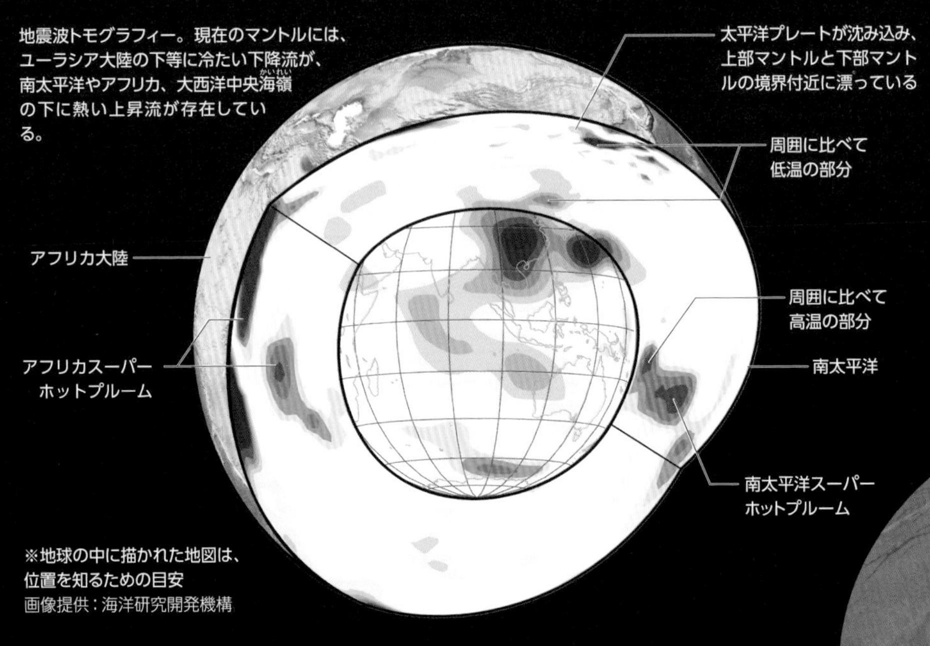

マントル対流

地球の内部では何が起こっているのだろうか。私たちは、地球の表面で生じている現象は観測できても、地球内部の様子を直接目で見ることはできない。リンゴを半分に切れば中を見ることができるが、地球ではそう簡単にはいかない。そこで、地球内部の情報は地震波を使って調べることになる。地震の波は地球の内部を伝わって、地球の反対側まで届くため、たくさんの場所で地震波を観測すれば、それぞれの波が通過した場所の情報を得ることができるのだ。

医療現場で使われる技術に、コンピュータ断層撮影（CT）がある。これは放射線などを利用して、目では見ることのできない人間の体の中を調べるために使われる。検査で得られたデータをコンピュータで処理することによって、二次元の輪切り画像や三次元画像として表示することもできる。それとまったく同じように、たくさんの地震波のデータをコンピュータで解析することで、地球の内部の輪切り画像や三次元画像を得ようというものが、地震波トモグラフィーだ。

地震波トモグラフィーを使うと、マントルの中の地震波の速度分布がわかるため、そこから温度を推定することによって、マントルの動きがわかるようになった。とりわけ、マントル対流の上昇流である巨大なキノコ型のホットプルーム（スーパープルーム）が太平洋等に見られることや、日本付近で沈み込んだ海洋プレート（スラブと呼ばれる）が上部マントルと下部マントルの境界付近に横たわっていることなどがわかってきた。横たわるスラブは、やがてマントル深部に落下するものと考えられる。これ

シベリアの洪水玄武岩。かつてスーパープルームの上昇によって生じた巨大噴火の爪痕。

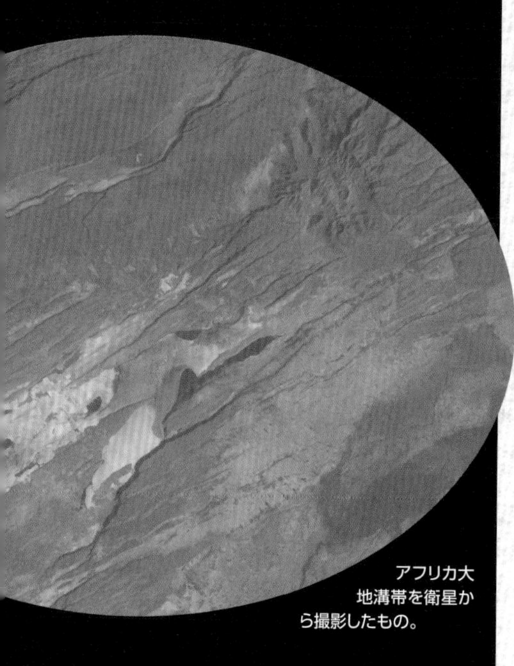

アフリカ大地溝帯を衛星から撮影したもの。

がマントル対流の下降流に相当する。

マントルと核の境界付近に落下したスラブは、水平方向に移動する間に放射性元素の崩壊による発熱によって温められ、再び上昇流（スーパープルーム）となって地表へと上昇していくのだろう。これが、マントル対流の実像であることがわかってきたのだ。

COLUMN

ウェゲナーの大陸移動説からプレートテクトニクスへ

ドイツの地球物理学者アルフレッド・ウェゲナーは、1912年に、現在の大陸はかつてすべてひとつにまとまっていたという「大陸移動説」を発表した。発表当時、この説は受け入れられずに忘れさられてしまった。しかし、1950年代に入り、大西洋の海洋底に大山脈が発見されたことによって状況が一変する。海底に記録された磁気を調べてみると、大西洋の海洋底は中央海嶺を中心に東西2つに分かれて拡大を続けていたことがわかったのだ。このことからウェゲナーの大陸移動説に再び注目が集まり、海洋底拡大説へと展開した。さらに、プレートテクトニクス理論へ発展し、現在ではマントルの動きとの関連について議論されるようになっている。

ウェゲナーの大陸移動説

古生代石炭紀（約3億年前）

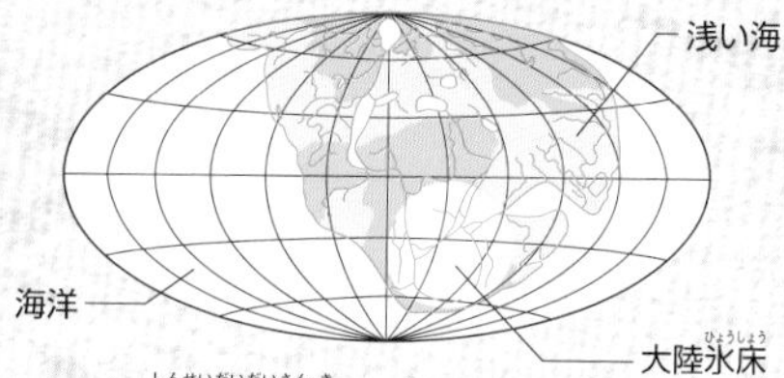

新生代第三紀（約5500万年前）

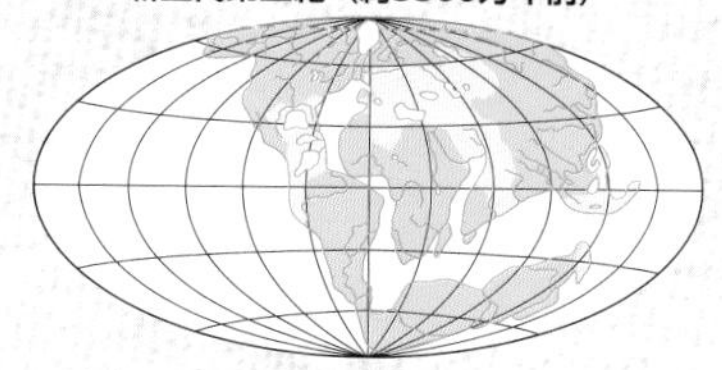

新生代第四紀

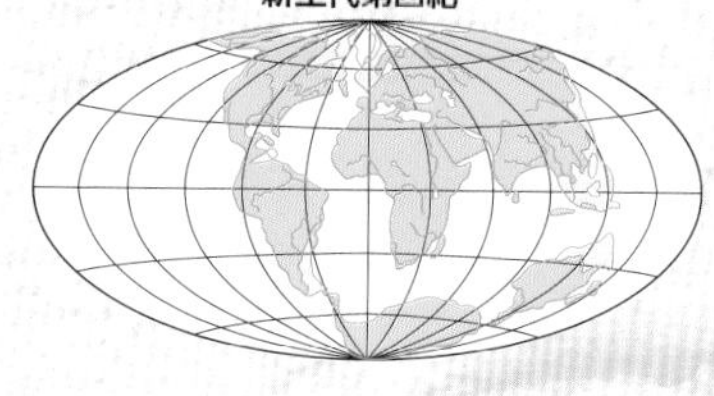

「(Wegener,1929)」『地球のしくみ』を基に作成

火山活動

3種類の火山活動

火山活動は、地球内部で発生したマグマが地表に噴出する現象であり、海嶺、沈み込み帯、ホットスポットの3種類の場所で生じる。

海嶺は、地球上で火山活動が一番活発な場所である。海洋プレートが拡大するのを補うようにマントル物質が上昇し、それによって玄武岩質のマグマが発生している。それが冷えて固まることによって新しい海洋地殻が形成されている。

一方、沈み込み帯の付近では、海溝からある程度離れた場所に海溝と並行するように火山が点在している。沈み込み帯において火山ができるのは、水の影響であると考えられている。沈み込んだ海洋プレートは水分をたくさん含んでいるので、融点が下がりマグマが発生しやすい。そして、ある深さ（日本の場合、プレートの沈み込んだ深さが110km付近）でマグマが発生する温度と圧力の条件が整うため、地表では海溝からある距離まで離れた場所に火山フロントとよばれる火山列が形成される。日本は、沈み込み帯の近くにあるので、その影響でいくつもの火山がつくられている。

さらに、ホットスポットは、マントル深部からのホットプルームによって生じる火山活動である。この他にも、2006年には海洋プレートの亀裂によって生じたまったく新しいタイプの海底火山の活動が発見され、プチスポットと名づけられた。

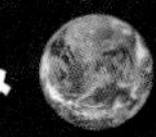

2011年2月、鹿児島県・桜島で爆発的噴火が相次いだ。御岳(おんたけ)と呼ばれる活火山が、頻繁に噴火を繰り返している。

ハワイ火山国立公園の溶岩流。平たくなめらかで、表面が縄状に見えることがある。

世界の火山分布図

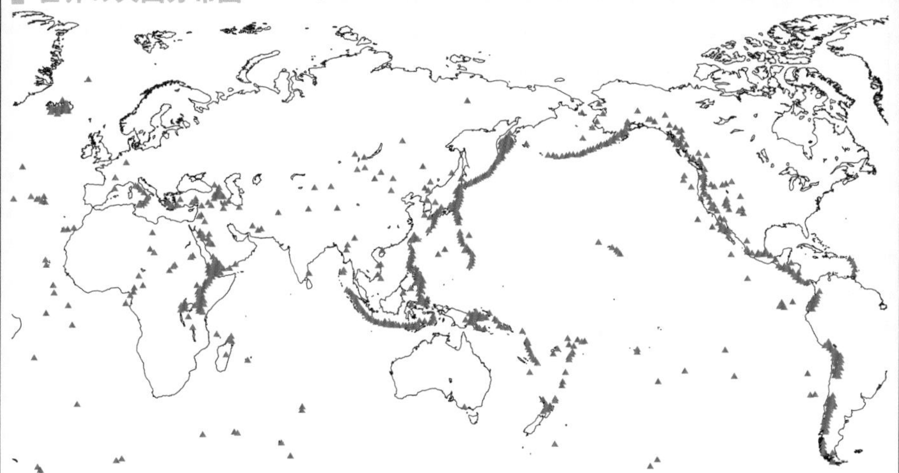

火山の種類

種類	特徴
単成火山	1回だけの噴火によって形成された火山
火砕丘(かさいきゅう)	火口付近に火山噴出物が積もって円錐(えんすい)形の形になったもの
マール	マグマ水蒸気爆発によって火口が開いた地形
溶岩ドーム	粘性の高い溶岩が火口から塊(かたまり)となって押し出されたもの
火山岩尖(がんせん)	火道で固まった溶岩が柱状に出現したもの
中央火口丘	小規模噴火活動によってできたもの
複成火山	複数回の噴火活動でつくられた火山
溶岩台地	大量の溶岩流が流出し、平坦に積み重なった地形
盾状(たてじょう)火山	粘性の低い溶岩流が薄く広く流れてできた
成層火山	粘性のやや高い溶岩と火山噴出物が重なり合ってできた
カルデラ	大規模な噴火によって、マグマだまりの天井が崩落してできた窪地状の地形

世界には約1500の活火山があるといわれているが、ほとんどが環太平洋地帯に分布している。日本には世界の活火山の約1割があり、まさに「火山国」だ。

出典：内閣府防災情報ページ「1.世界の火山」

ホットスポット

■ プレート内部で生じる火山活動

火山の活動はプレートの運動と深い関係があるが、プレート運動とは無関係に生じる火山がある。このような火山はホットスポットと呼ばれる。

例えば、ハワイ島は、プレートがつくられる海嶺(かいれい)でも、沈み込み帯でもなく、プレートの内部に存在している。ハワイ島は、現在も噴火活動が起こっている火山島である。ハワイ島から北西方向にも島が連なっているが、それらは過去の噴火活動で形成された島々だ。マウイ島、オアフ島と、現在活動中のハワイ島より離れるほど古い時代に形成されたものである。ハワイ諸島よりさらに北西に移動すると、天皇海山列(てんのうかいざんれつ)という海底火山群が連なっている。

このことは、火山活動が地下の固定された場所で継続的に起こっており、その上を太平洋プレートが北西方向に動くことによって、形成された火山島が次々と北西にずれていくことを示唆(しさ)している。

この事実は、継続的なマグマの供給は、プレート運動に関係なく、より地球深部のマントルのダイナミクスによるものであることを示している。つまり、地球深部で発生したホットプルームが地殻(ちかく)を突き破り、マグマを供給しているのだと考えられる。

ホットスポットは、他にも、太平洋ではガラパゴス諸島、タヒチ島付近、南太平洋ではサモア付近等が知られており、世界中に20カ所以上点在している。大西洋中央海嶺とホットスポットが重なっているアイスランドは、火山活動が特に活発な場所である。

■ ハワイ諸島のできかた

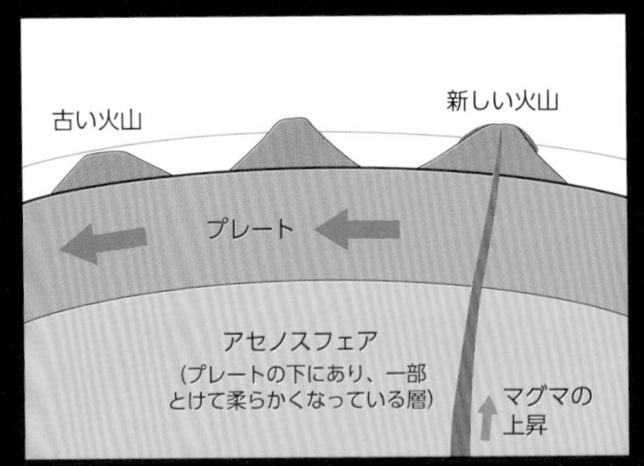

地球深部に固定されたホットスポットの上をプレートが移動することによって、地表に火山の列ができる。ハワイ諸島は、ホットスポットによってつくられた典型的な火山列といえる。

オアフ島にある火山・ダイヤモンドヘッド。約30万年前に噴火したきりで、現在は観光地として人気である。

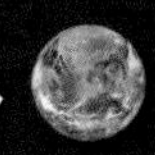

ハワイ諸島と天皇海山列

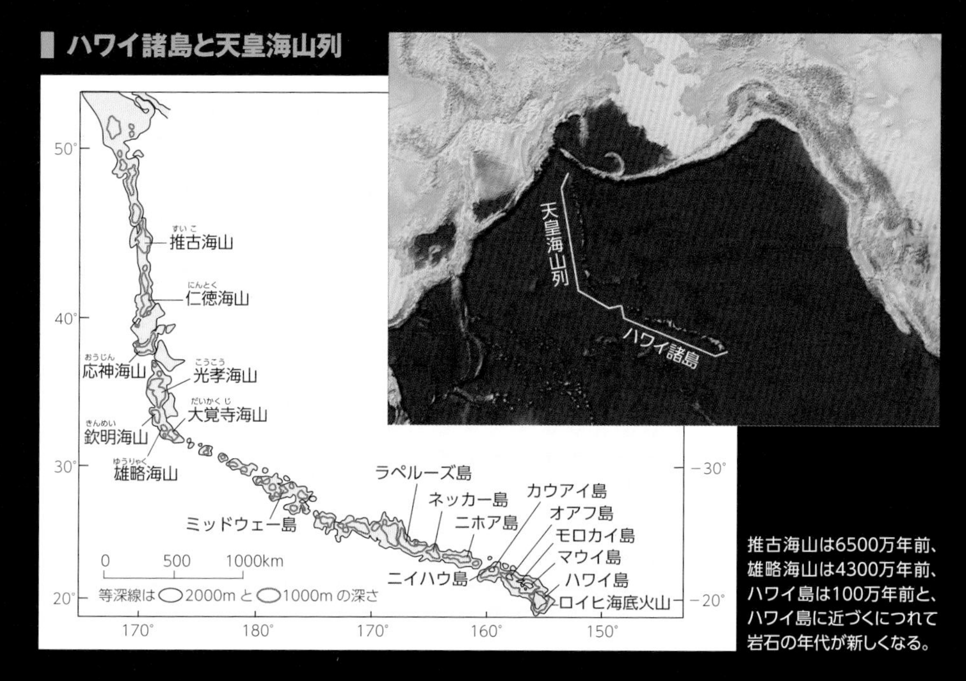

推古海山は6500万年前、雄略海山は4300万年前、ハワイ島は100万年前と、ハワイ島に近づくにつれて岩石の年代が新しくなる。

現在も火山活動のあるハワイ島のキラウェア火山。標高1277mで、山頂に直径4～6kmのカルデラがある。噴火口は常に活動し、溶岩で満たされている。

地震

発生する場所によって変わるメカニズム

地震は、プレートの境界で起こるものとプレート内部で起こるものに分けられる。プレート境界型地震は、海溝(かいこう)型地震とも呼ばれ、海洋プレートが沈み込むことにより境界部分にゆがみがたまることによって引き起こされる。

日本付近では、太平洋プレートやフィリピン海プレートといった海洋プレートが、ユーラシアプレートや北米プレートといった大陸プレートの下に沈み込んでいる。プレートの表面は凸凹(でこぼこ)している。そのため、プレート同士がすべりやすい領域もあれば、圧力によって固着(こちゃく)されてすべりにくい固着域（アスペリティと呼ばれる）もある。この固着域においてゆがみが蓄積され、あるときそれが限界に達すると、プレートは急激にすべって地震が発生する。このとき海底面が上昇すると、海水を押し上げ、津波が発生する場合もある。

海洋プレートが沈み込む場所は、日本海溝、南西諸島海溝、駿河(するが)トラフ、南海トラフなどである。2011年に東日本大震災を引き起こした東北地方太平洋沖地震や、今後発生が予想される東海・東南海・南海地震などはこのタイプである。

一方、プレート内部で起こる地震はプレート内地震と呼ばれる。直下型地震の多くはプレート内地震である。これはプレート内部でゆがみのたまっている活断層(かつだんそう)が、ゆがみに耐えきれずに動くことで生じるもので、1995年の阪神・淡路大震災を起こした兵庫県南部地震はこれにあたる。沈み込んでいく海洋プレートの内部で生じる地震を、スラブ内地震という。

プレート境界型地震

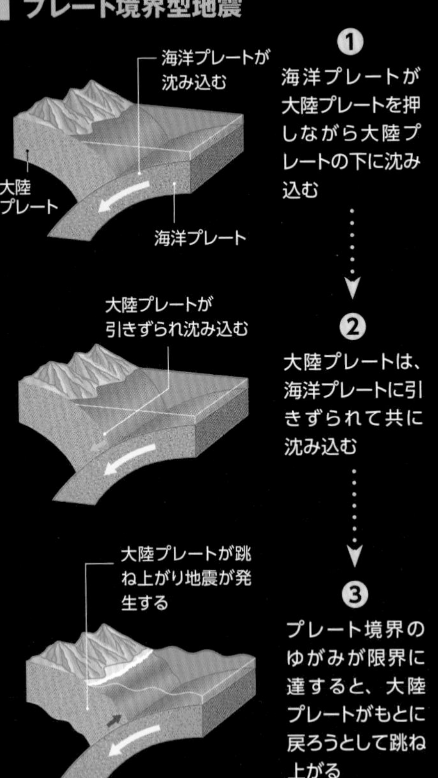

プレート境界型地震は、海溝付近で起こる場合が多いため、海溝型地震とも呼ばれる。海底面が上昇した場合、海水が持ち上げられるので、津波を伴うことがある。2011年3月11日に発生した東北地方太平洋沖地震もこれにあたる。プレート境界型地震は、数十年から数百年の間隔で発生する。

地震分布図

A1：沈み込み帯、A2：衝突帯／B：海嶺／C：トランスフォーム断層

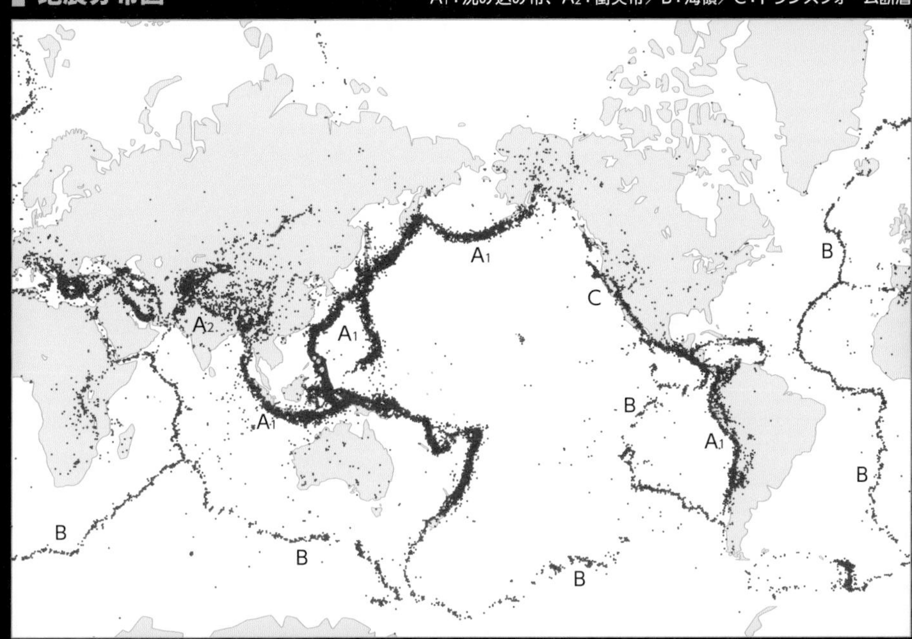

気象庁HP、『地球のしくみ』を基に作成

プレート内地震

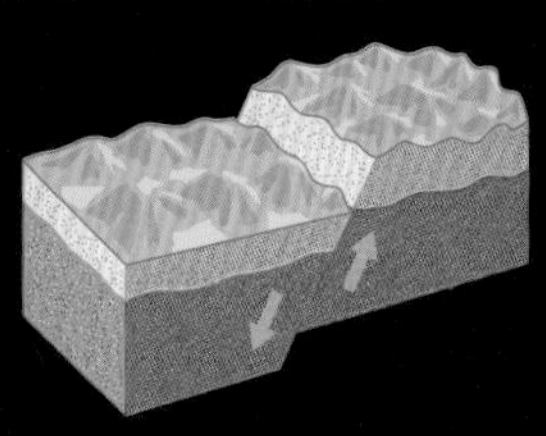

正断層（せいだんそう）

プレートの拡大境界である海嶺（かいれい）等では、引っ張りの力によって断層面の上側がずり落ちる。

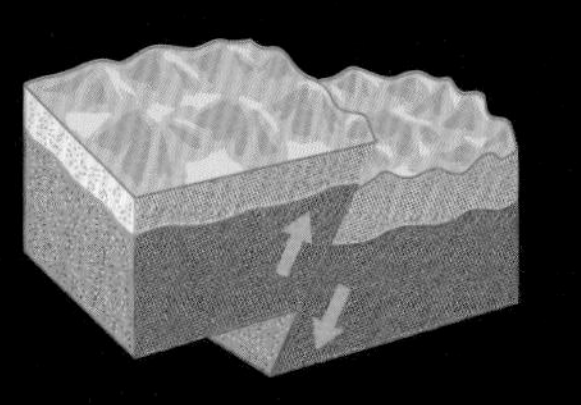

逆断層（ぎゃくだんそう）

プレート同士が押し合う沈み込み帯等では、両側から押し合う力によって断層面の下側がずり落ちる。

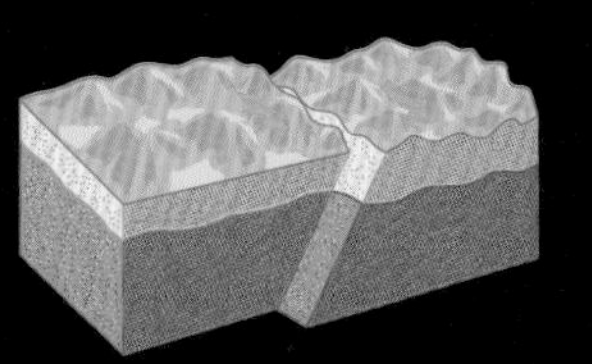

横ずれ断層

プレート同士がすれ違う場所（トランスフォーム断層）では、断層面の両側が互い違いにずれる。

マグニチュードと震度の違い

マグニチュード（M）とは、地震で放出されたエネルギーの大きさを示し、Mが1,2,3と大きくなるにつれて、地震の規模は約32倍、約1000倍、約3万2000倍と大きくなる。震度とは、観測地点ごとに観測された揺れの強さなので、震源から離れるほどに震度は小さくなる。地震そのものの大きさについてはM、揺れや被害については震度を基準にするとわかりやすい。

プレート内地震は、プレート内部に出来た断層がずれることで発生する。この断層が人の住む場所の真下にあると「直下型」と呼ばれる。

海流

■ 表層と深層を流れる2種類の海流

地球は陸地よりも海の方が広く、表面積の70.8%は海に覆われている。ふだんは海水の下に隠れているので、ほとんど意識をすることはないが、火山や海溝(かいこう)等があり、起伏にも富んでいる。最も深いマリアナ海溝は水深11000mもあり、エベレストが丸々沈んでしまうほどの深さがある。

この広い海では海水は同じ場所にとどまっているのではなく、海流として絶えず流れている。その流れは深さ400mくらいまでの表層海流と、700mよりも深い領域を流れる深層海流に分けることができる。表層海流は、地球の表面に吹いている偏西風(へんせいふう)や貿易風(ぼうえきふう)等の大規模な風を原動力にして動いている。日本近海の黒潮や親潮、大西洋のメキシコ湾流等が有名で、赤道付近の熱を高緯度の地域に運ぶ役割もしている。

深層海流は、温度や塩分の違いによりもたらされる、海水の密度の違いによって駆動されている。北大西洋のグリーンランド沖や南極周辺で、冷たくて塩分の濃い海水が深海へと沈み込んでいき、そのまま海底

■ 海洋大循環

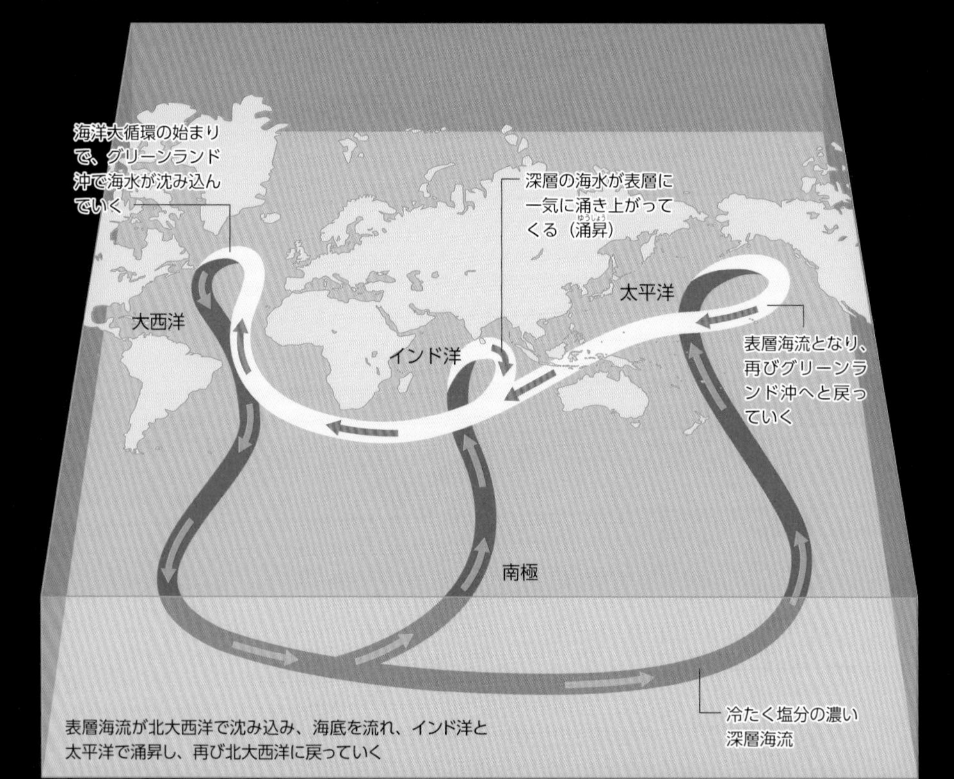

表層海流が北大西洋で沈み込み、海底を流れ、インド洋と太平洋で涌昇し、再び北大西洋に戻っていく

の地形に沿ってゆっくりと移動する。そして、インド洋や太平洋等で表層へと湧昇（ゆうしょう）し、表層海流に乗って、北大西洋へと戻っていく。これが深層海流である（深層水循環または熱塩（ねつえん）循環という）。北大西洋で沈み込んだ海水が北太平洋の表層に達するまでには2000年ほどの長い年月が必要だ。

地球温暖化が進むと、海水温が上昇したり、極地の氷がとけて塩分が薄くなったりして、深層水循環が弱くなってしまうのではないかと心配されている。

地球の水はどこにある?

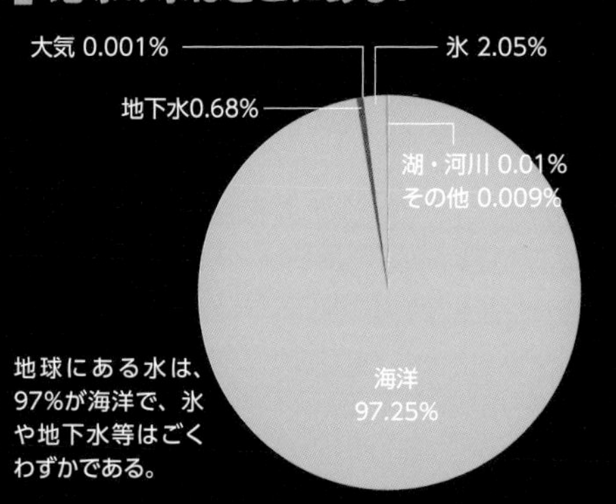

地球にある水は、97%が海洋で、氷や地下水等はごくわずかである。

南極大陸の周りには、南極周極海流が流れる。

世界の海流

海流には、高緯度へ向かう暖かい暖流と、低緯度へ向かう冷たい寒流がある。こうした南北間の熱の輸送によって地球の気温はならされている。

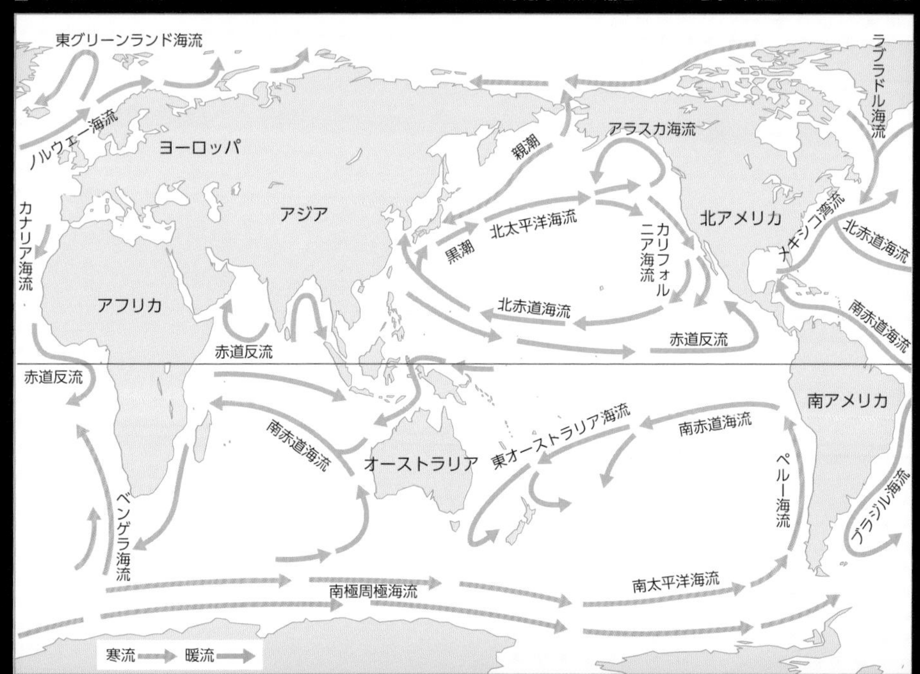

大気の構造と循環

4つの層に分かれている大気

大気とは地球の重力によって地球表面に束縛されている気体のことだ。現在の地球大気は、主に窒素と酸素で構成されている。大気は温度の鉛直(えんちょく)分布をもとに4つの層に大きく分けることができる。

地表や海面に直接接する対流圏(たいりゅうけん)は、上空ほど気温が下がる。大気の活動が非常に活発で、さまざまな気象現象が生じている。対流圏の厚さは、高緯度地域で8km、赤道付近で16kmほど、地球の直径の1000分の1しかない。

対流圏の上は成層圏(せいそうけん)である。成層圏に分布するオゾン層が紫外線を吸収するために、成層圏では、高度とともに気温も上昇する。そのため、成層圏では対流は起こりにくい。

大気の構造

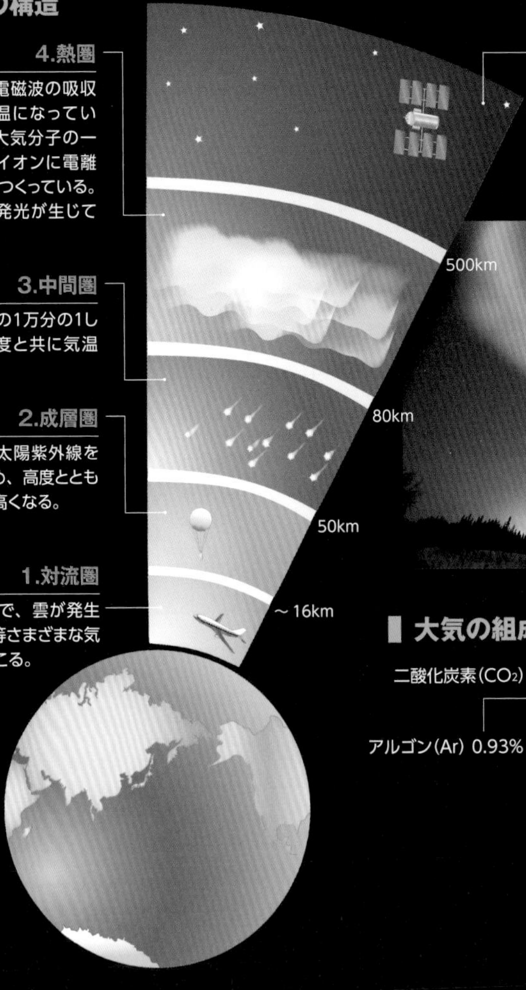

大気の組成

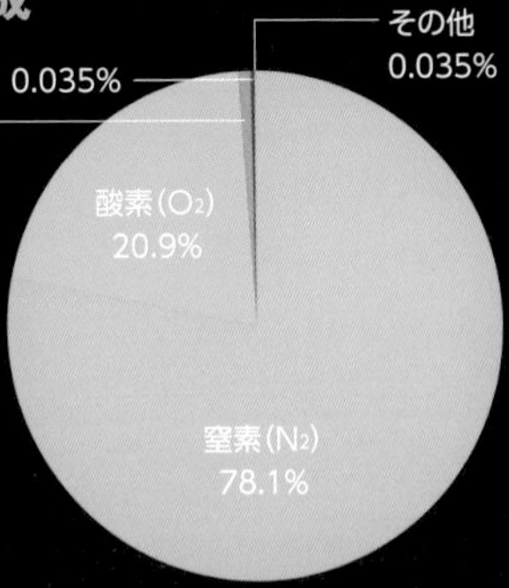

さらに、地表から50～80kmは中間圏と呼ばれ、高度とともに気温は下降する。中間圏の気圧は、地表の1万分の1しかない。流星の発光が生じる領域である。

そして、80～500kmくらいまでの領域を熱圏と呼ぶ。中間圏と熱圏の境界付近は平均気温がマイナス92.5℃と、大気中で一番低い。熱圏は太陽から放射されている電磁波等の影響で、2000℃まで上昇することがあるが、大気の密度がとても低いために、エネルギーは低い。

太陽からの熱や光は、赤道付近が最も多く、極では少ない。そのため、赤道と両極の間には大きな気温差が生じる、これを解消するように大気の大循環が生じて熱を運んでいる。実際には、低緯度域、中緯度域、高緯度域の3つの領域で特徴のある流れが生じている。それに伴い、地表付近の低緯度では貿易風帯ができ、高緯度では極の冷たい空気が流れ込んで極偏東風帯が生じている。中緯度上空で生じる偏西風帯は蛇行した流れになる。

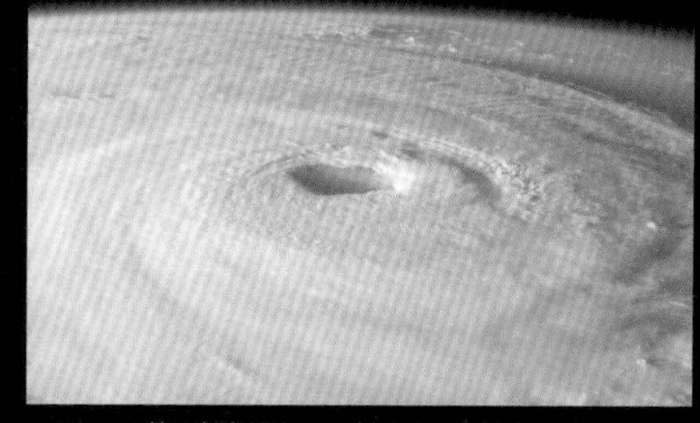

ハリケーン等の気象現象は、対流圏で生じる。

大気の大循環

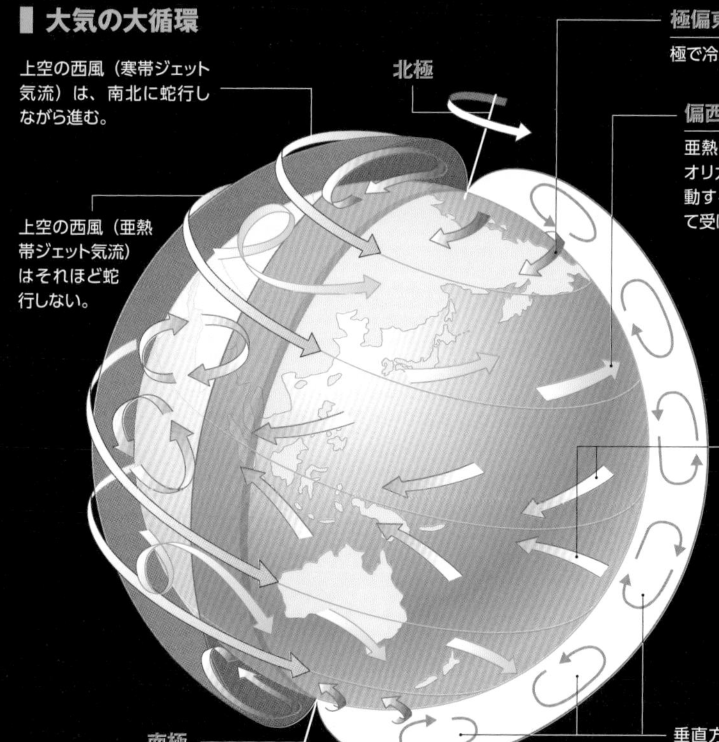

地球を守る磁場

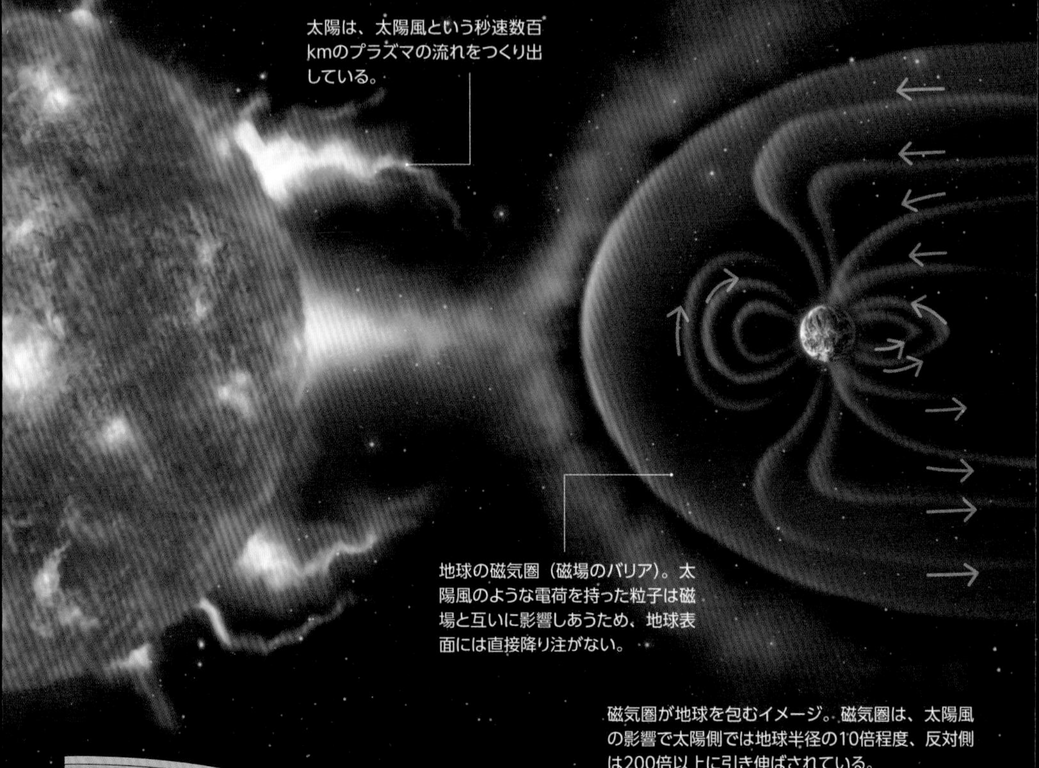

太陽は、太陽風という秒速数百kmのプラズマの流れをつくり出している。

地球の磁気圏（磁場のバリア）。太陽風のような電荷を持った粒子は磁場と互いに影響しあうため、地球表面には直接降り注がない。

磁気圏が地球を包むイメージ。磁気圏は、太陽風の影響で太陽側では地球半径の10倍程度、反対側は200倍以上に引き伸ばされている。

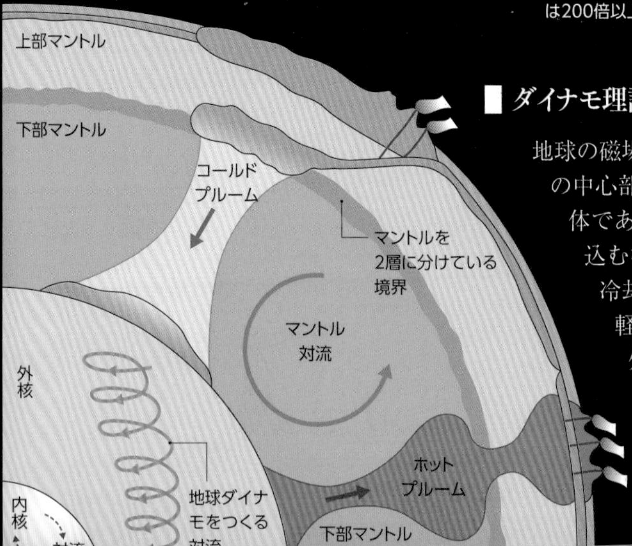

ダイナモ理論とは?

地球の磁場をつくっているのは、地球の中心部にある核である。核は、固体である内核を液体の外核が包み込む構造になっている。外核が冷却して内核が成長する際には軽い元素が放出されるため、外核には対流が生じ、それによって電流が生まれ、磁場が発生し、それが維持されている。このしくみのことをダイナモ理論と呼ぶ。

放射線をバリア

地球は、太陽からの光や熱を受け取っている。しかし、太陽から来るのはそれだけではない。太陽風と呼ばれる、高温のプラズマだ。プラズマとは、電離した陽イオンと電子が自由に運動している状態のことで、固体・液体・気体と並ぶ物質の第4の状態ともいわれる。

地球は磁場を持っているが、太陽風は地球の磁場圏と互いに強く影響し合うため、その境界は明瞭に決まっている。一方、地球の太陽と反対側では、磁気圏は太陽風に吹き流されて長く伸びている。太陽風の風上側は地球半径の10倍程度の大きさだが、風下側の磁気圏は、太陽風によって大きくたなびいていて、地球半径の200倍以上にも大きく引き伸ばされている。

太陽風の粒子は電気を帯びているために、地球の磁気圏の影響を受けて進路を変えていく。太陽風の一部は北極や南極周辺の上空から大気を下降して、大気分子と衝突する。このとき、発光現象が生じる。大気を構成している酸素分子や窒素分子が緑やピンク等の色で発光するのである。これが、北極圏や南極圏に現れるオーロラである。

太陽風の一部と、地球の大気分子がぶつかり合った結果生じるのがオーロラである。

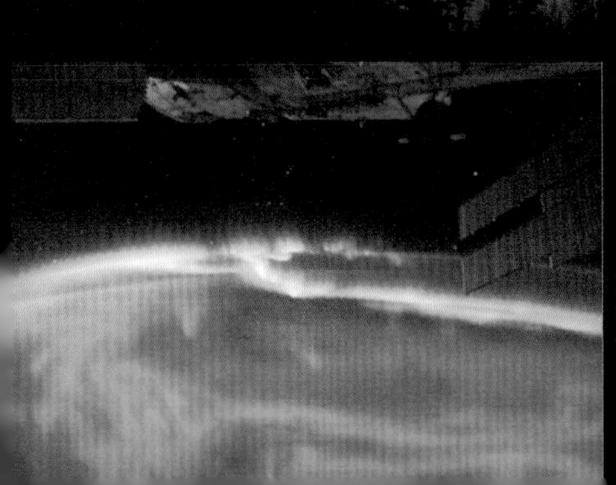

衛星から見た幻想的なオーロラ。高度200kmのところで発光しており、地球を包み込んでいるように見える。

地球史年表

46億年前 40億年前 30億年前 25億年前

冥王代（めいおうだい） 太古代（たいこだい）

地球誕生（46億年前）

生命誕生（40億年前）

酸素の増大（25億〜20億年前）

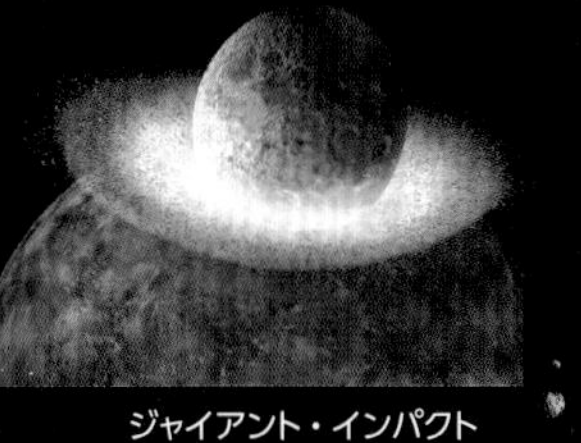

ジャイアント・インパクト

隕石重爆撃（いんせきじゅうばくげき）

生命の光合成活動とストロマトライト

5.4億年前 4.88億年前 4.44億年前 4.16億年前 3.59億年前

古生代（こせいだい）

カンブリア紀	オルドビス紀	シルル紀	デボン紀	石炭紀（せきたんき）

植物の上陸（4億7500万年前）

魚類の進化（4億1600万年前〜）

動物の陸上進出（4億年前〜）

シダ植物の森林（3億6000万年前〜）

哺乳類型爬虫類（ほにゅうるいがたはちゅうるい）の登場（石炭紀後期）

カンブリア爆発

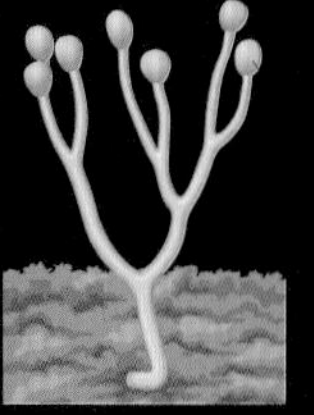

最初の陸上生物・クックソニア

ダンクルオステウス

アーケオプテリス

本書の内容に沿って、46億年の地球の歴史と、現在～未来の地球をまとめた。

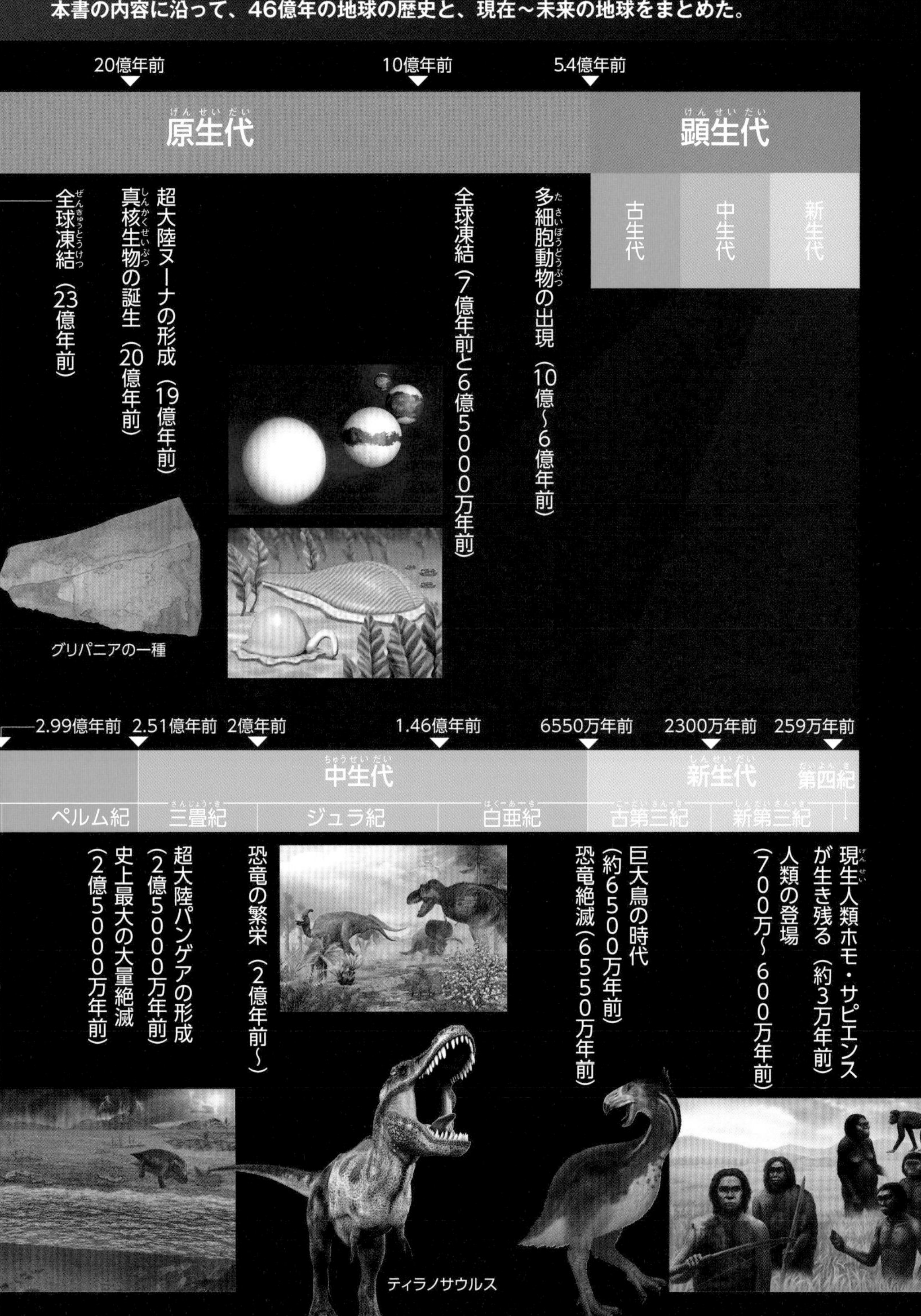

現在～近い将来の地球

超巨大噴火などの大規模災害が起こる可能性もある。

地球温暖化が進むと、さまざまな気候変動が生じることが予想される。

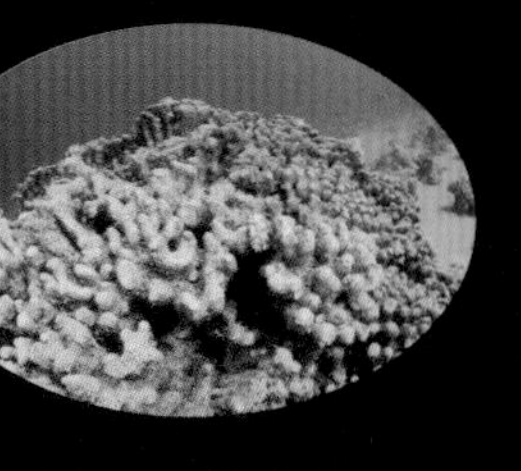

2.5億年後 ▼　9億年後 ▼　25億年後 ▼　50億年後～ ▼

未来の地球

超大陸パンゲア・ウルティマの形成（2・5億年後）

生命の絶滅

太陽が明るさを増し、地球がハビタブルゾーンから外れてしまう。

地球から海が消える？（25億年後）

太陽は膨張（ぼうちょう）し、やがて白色矮星（はくしょくわいせい）に？

第1部

地球の誕生と進化

01 太陽系の成り立ち

銀河系の片隅で生まれた太陽系

銀河系は、約2000億個の星やガスから成り立っている。今から約46億年前、銀河系のはずれで、年老いた星が寿命を終え、大きな爆発が起こった。それが、私たちの地球や、その他の惑星が属する太陽系の始まりだ。

原始惑星

大きさ数km程度の微惑星は、互いに衝突を繰り返し、成長して原始惑星となった。現在と違い、太陽系形成後期には、火星サイズの原始惑星が20個ほど太陽系の内側領域を回っていた。

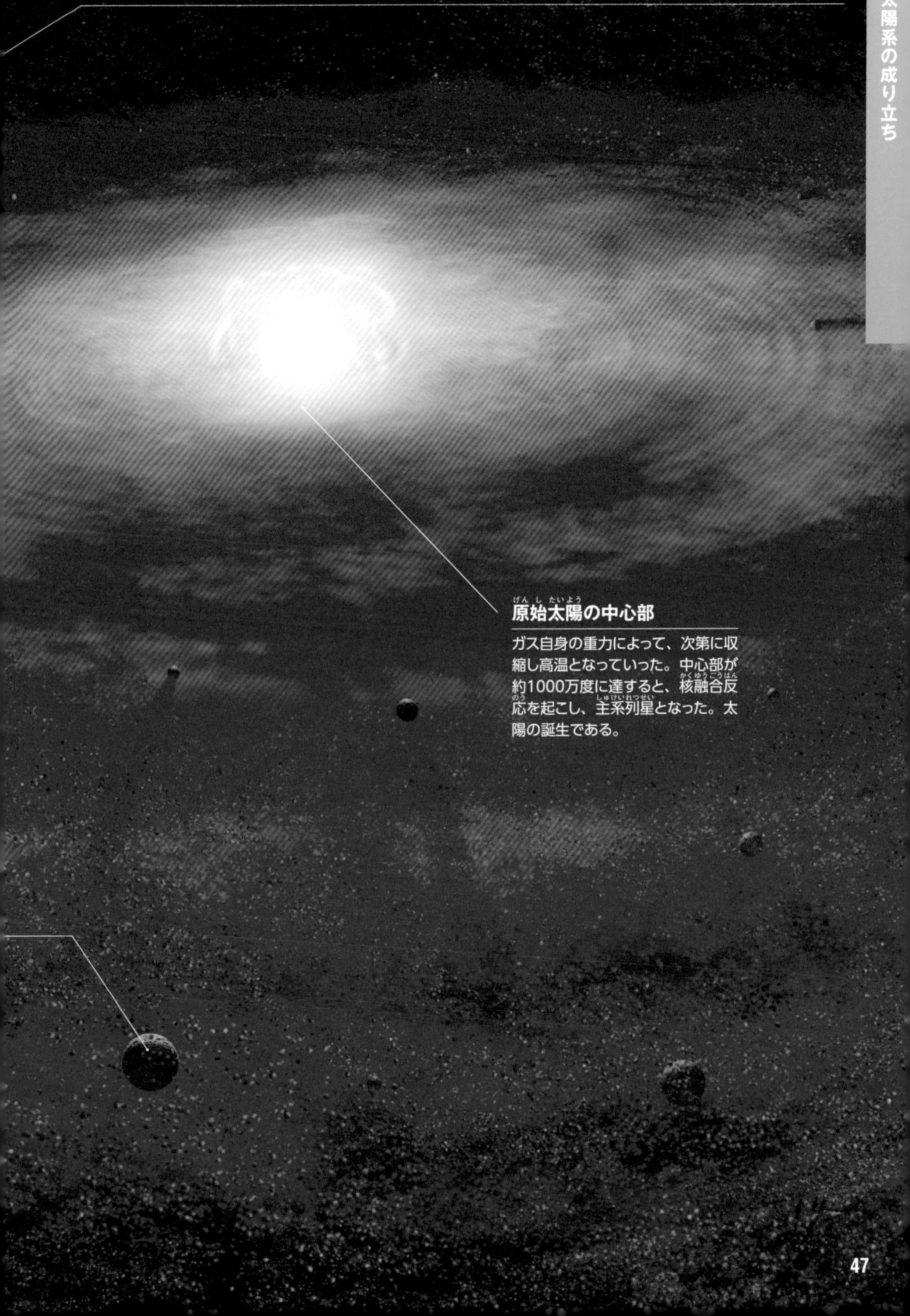

原始太陽の中心部

ガス自身の重力によって、次第に収縮し高温となっていった。中心部が約1000万度に達すると、核融合反応を起こし、主系列星となった。太陽の誕生である。

太陽系ができるまで

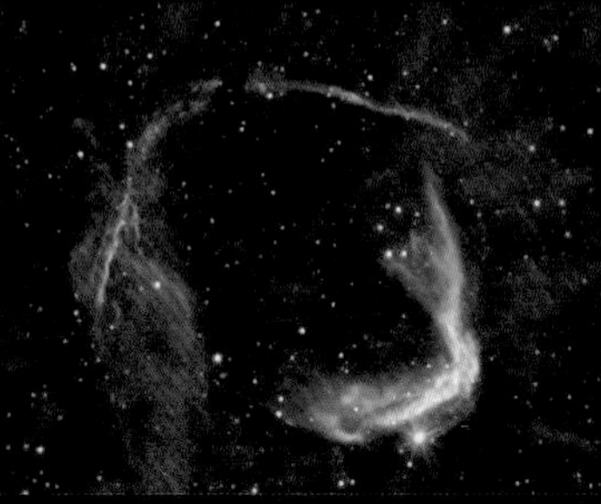

超新星爆発

星の大爆発現象。いわば星の「死」だが、この衝撃によってさまざまな物質が宇宙にばらまかれ、新しい星の「生」に結びつく。

星が生まれる

星の誕生イメージ。分子雲の中でチリやガスが集まり、重力によって収縮し、星が誕生する。太陽もこのようにして形成されたと考えられる。

太陽系の形成過程

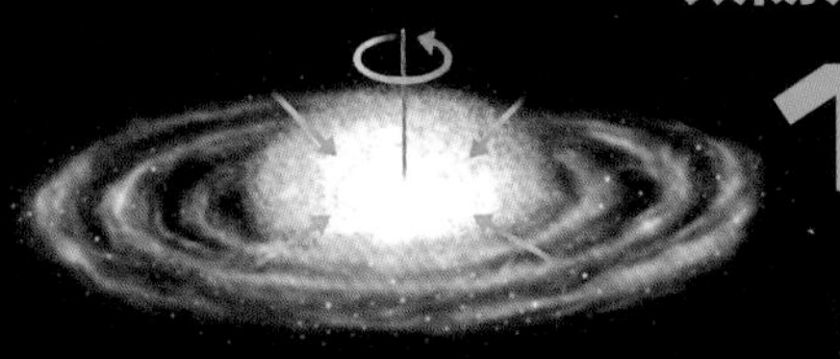

1 原始太陽の形成

チリやガスがゆっくりと回り、重力によって収縮。密度と温度が高い中心部分（原始太陽）と、扁平なガス円盤部分とに分かれた。

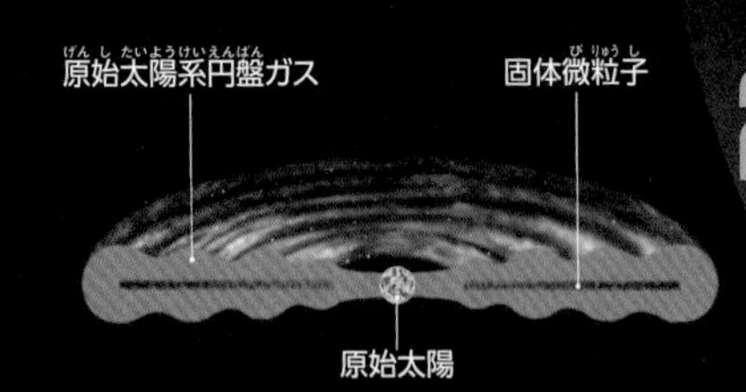

2 ガスが冷え、固体へ

円盤の温度が下がってくると、ガスから固体微粒子が凝縮する。そして、太陽に近い温度の高い部分では岩石と金属に、温度の低い部分は氷等の物質となる。

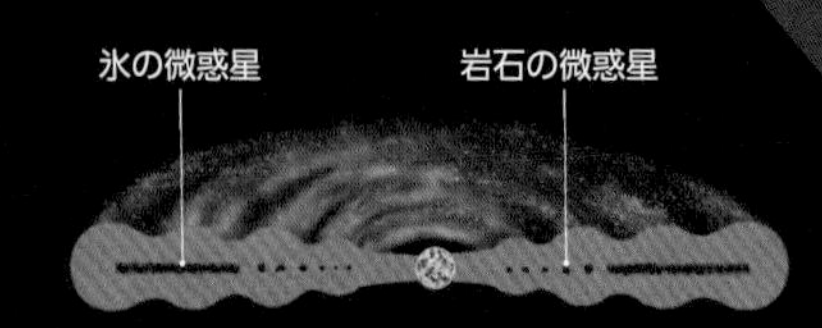

3 微惑星の形成

岩石や氷の粒子が原始太陽系円盤の赤道面に集まると、重力による不安定が起こり、直径10kmほどの小天体である微惑星が形成される。

チリから生まれた星たち

太陽系が誕生したのは、今から約46億年前のこと。始まりは、かつて宇宙に存在していた星が大爆発を起こした結果まき散らされた、チリやガスだと考えられている。それらの物質が集まり、中心の密度が濃い部分に原始太陽がつくられた。

原始太陽の周りには、太陽に取り込まれなかったチリやガスがたくさん残っている。これらは、太陽の重力に引っ張られるように周りを回っているうちに、だんだんと太陽の赤道面に集まってきて、ガス状の円盤をつくるようになった。

そして、この円盤上で、チリやガスがグルグルと回り、赤道面に集まってくると、重力的に不安定になり、直径10kmほどの小天体が形成される。これを微惑星という。これらの微惑星が衝突を繰り返し、だんだんと大きくなり、原始惑星がつくられるようになっていった。このときできたのが、地球型惑星、木星型惑星、天王星型惑星である。

地球型惑星（岩石惑星）

原始太陽に近かったため、融点（ゆうてん）の高い鉱物（こうぶつ）や金属などの成分で構成された惑星。質量は小さいが、密度が大きい。太陽系では、地球以外には水星、金星、火星（上写真）からなる。

木星型惑星（巨大ガス惑星）

原始太陽から離れ温度が低かったため、大量の氷が材料物質に加わり、惑星の質量が大きくなった。その重力によって周りのガスを取り込み、さらに大きくなった。木星（上写真）、土星からなる。

天王星型惑星（巨大氷惑星）

以前はサイズで分類され木星型惑星（巨大ガス惑星）に属していたが、現在は組成で分類されることが多く、ガスが少なく、多量の氷から構成されているため、天王星（上イメージ）、海王星は、天王星型惑星（巨大氷惑星）と呼ばれている。

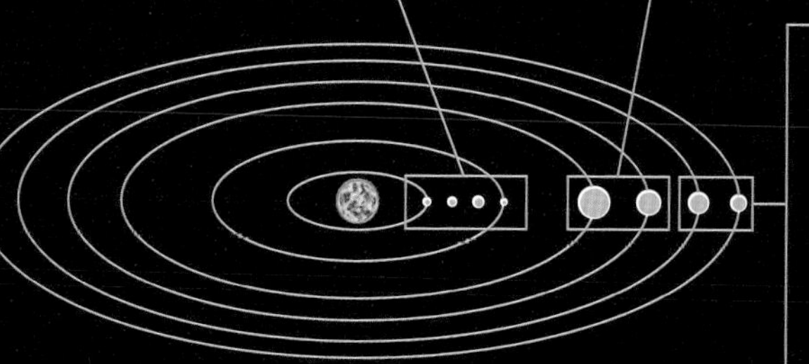

4 太陽系誕生

太陽に近い微惑星は、衝突を繰り返して現在の大きさまで成長し、木星より遠い惑星は、さらに周りにあるガスを引き込み、成長していった。

太陽系の中の地球

地球の大きさはどのくらいか？

地球と太陽系の惑星を比較してみた。カッコ内は、地球を直径1cmとしたときの比率。

水星（0.37）
金星（0.9）
地球（1）
火星（0.52）
木星（11）

惑星の形成

太陽に近い領域では、融点の高い鉱物や金属の物質が多いため、岩石と金属の惑星ができ、太陽から離れた領域では、材料物質に大量の氷が加わることで、木星型惑星（巨大ガス惑星）、天王型惑星（巨大氷惑星）となった。惑星の性質も、太陽からの距離が決めたといえる。

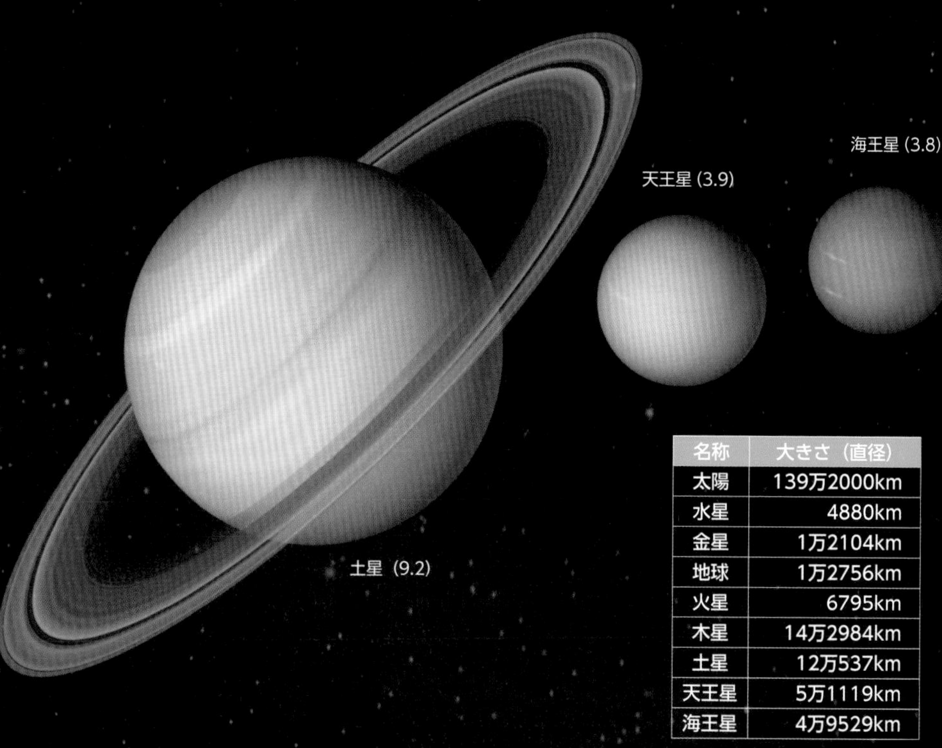

名称	大きさ（直径）
太陽	139万2000km
水星	4880km
金星	1万2104km
地球	1万2756km
火星	6795km
木星	14万2984km
土星	12万537km
天王星	5万1119km
海王星	4万9529km

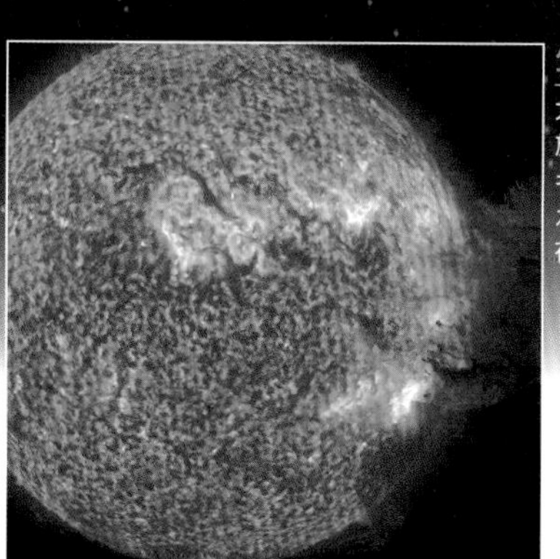

生命の源

太陽のように、みずから光やエネルギーを放つ星を恒星という。太陽からのエネルギーが、地球の大部分の生命の活動を支えている。太陽がなければ、私たちも生存できないのである。

ビー玉サイズの惑星

太陽系の惑星は、全部で8つ。太陽を中心に、内側の軌道から水星、金星、地球、火星、木星、土星、天王星、海王星と並んでいる。そのほか、5個の準惑星、無数の小天体（小惑星、太陽系外縁天体、彗星）が太陽の周りを回っている。

サイズで見てみると、地球は、木星、土星、天王星、海王星に次いで5番目の大きさ。地球の直径を1cmとしたとき、木星はおよそ11倍、太陽にいたっては110倍ほどの大きさである。太陽系における地球は、まるでビー玉のように小さな存在なのである。

しかし、地球が生命を持つ唯一無二の惑星になるためには、この大きすぎないサイズや、太陽からの適当な距離等、さまざまな条件が必要だった。

絶妙な距離と大きさの地球

同じ地球型惑星である水星、金星、火星と比べて、なぜ地球にだけ生命が存在しているのだろうか。そもそも生命は、水がなければ生きられない。それは固体である氷でもだめだし、水蒸気でもいけない。「液体の水」が必要不可欠なのだ。

地球に液体の水が存在できる理由は、太陽と地球の間の、1億4960万kmという絶妙な距離にある。地球は、太陽の放つエネルギーの約22億分の1を受け取っているが、大気組成や反射率が現在の地球のままで太陽との距離を5%ほど近づけると、大気上端から水素が宇宙空間へ散逸することで、水が失われてしまう。つまり、水星や金星では、太陽に近すぎるのである。

このように、液体の水が存在できる領域をハビタブルゾーン（生命生存可能領域）と呼ぶが、実は火星も、地球と同じくこのエリアの中にある可能性が高い。では、なぜ火星の表面には液体の水がないのか。それは、火星が地球の半分ほどの大きさしか

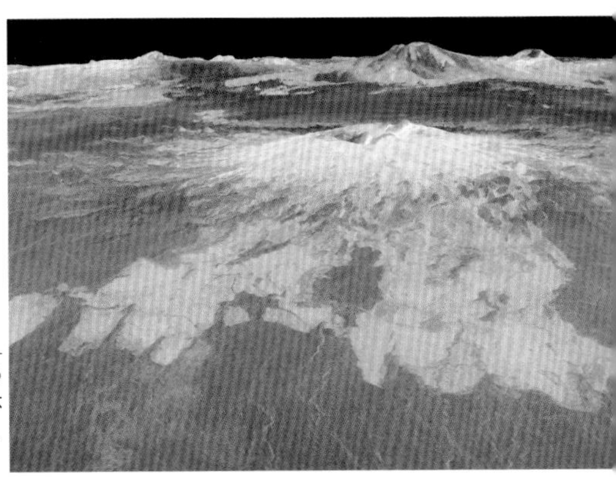

地球になれなかった惑星

金星は、地球とほとんど同じ大きさにもかかわらず、ハビタブルゾーンから外れているため、液体の水が存在できない（右）。地球になれなかった、灼熱の星である。

ハビタブルゾーン

中心部で核融合反応を起こし、エネルギーをつくり出して自ら光り輝く天体を恒星という。恒星は重いほど明るく輝くため、ハビタブルゾーンはより軽い恒星では内側にあり、より重い恒星では外側になる。現在の太陽系では、太陽と地球の距離を1天文単位としたとき、0.95〜約2天文単位の範囲がハビタブルゾーンである。火星もその領域に含まれる可能性が高いが、サイズが地球の半分（重さは10分の1）しかないため、すでに内部の活動が停止してしまっている。

なく、磁場を持たないためである。惑星のサイズ（質量）が小さいと重力が小さく、磁場がないと太陽から飛来する高速粒子・太陽風（p.40）の影響を直接被るために大気を保つことができず、大気が宇宙空間に散逸してしまう。そして大気がないと、地表の温度が下がり、水は凍る。火星はかつて地球と同じように水を豊富にたたえた惑星だった可能性があるが、それが急激に寒冷化したと考えられている。

地球が水の惑星として存続できるのは、太陽からの距離、大気の組成、質量といったさまざまな条件のおかげである。

COLUMN 宇宙の中の太陽系

太陽系の果てはあるか

天文学では、太陽系内の天体の距離を表すのに「天文単位（AU）」という単位を使う。これは、太陽と地球の平均距離1億5000万kmを1としたときのものである。

太古から、人類は太陽、月、水星、金星、火星、土星の存在を知っていたが、新たな惑星として天王星が発見されたのは、1781年のことだ。その後、太陽系の研究は進み、1846年には海王星、1930年には冥王星が見つかり、冥王星は太陽系から最も離れた惑星として定着してきた。しかし、冥王星は他の8つの惑星とはさまざまな点で異なり、1990年代以降は冥王星と同様の軌道を持つ天体がたくさん見つかったこと等から冥王星は惑星ではなく、ひとまわり小さい「準惑星」という位置づけになり、「太陽系外縁天体」に分類された。

また、「太陽系外縁天体」には、冥王星などの「冥王星型天体」「カイパーベルト天体」、長周期彗星（公転周期が200年以上の彗星）の故郷とされる「オールトの雲」等が含まれる。カイパーベルト天体は、海王星から約50天文単位のところまで、オールトの雲は1万〜10万天文単位まで広がっていると考えられている。2015年には、NASAが打ち上げた人類初の冥王星探査機「ニューホライズンズ」が冥王星付近に到達する予定だ。成功すれば、太陽系外縁天体について手がかりが得られるかもしれない。

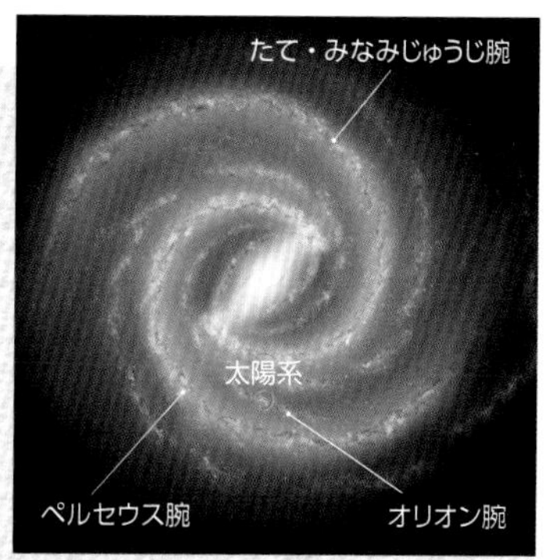

銀河系の中の太陽系

宇宙には、恒星と星間物質等さまざまな物質からなる無数の「銀河」が存在する。私たちの銀河は、それらと区別するために、「銀河系」もしくは「天の川銀河」と呼ぶ。銀河系は、渦巻き構造の「腕」を持っている。

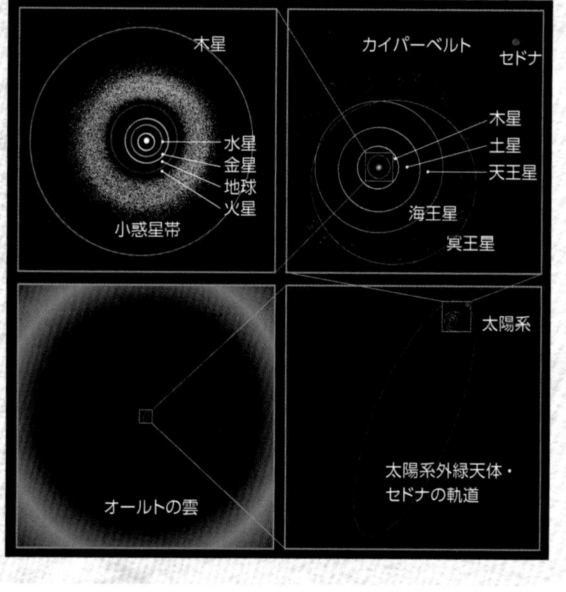

太陽系の姿

太陽からどんどん遠ざかっていくと、このように図示できるが、まだわかっていないことも多い。

「Sedna's Orbit」NASA/JPL-Caltech/R. Hurt（SSC-Caltech）を改変

COLUMN

太陽系の惑星紹介

太陽系には、内側の軌道から、水星、金星、地球、火星、木星、土星、天王星、海王星と8つの惑星が存在する。p.49でも紹介したように、これらは、組成によって3つに分類される。地球と比較しながら、太陽系の惑星を見てみよう。

中身の詰まった地球

8つある太陽系の惑星は、構成する成分によって3つに分けることができる。1つ目が、岩石と金属が主体になっている地球型惑星。2つ目が水素とヘリウムのガスが主体の木星型惑星。3つ目が氷が大部分を占める天王星型惑星だ。

地球型惑星は、火星より内側の太陽に近い公転軌道を回っている。地球型に分類される惑星は小さいものが多いが、密度が高い。どの惑星も、鉄やニッケルから構成される核を持ち、岩石からなるマントルと地殻を持つため、密度が高くなっている。

木星型惑星は岩石や氷でできた核が、周りにあった水素やヘリウム等のガスを引っ張りこんでできた惑星なので、きわめて大きくて重い天体である。そのため、木星型惑星の木星と土星が太陽系の惑星の中で大きさも重さも1位と2位を独占している。ただし、このタイプの惑星は主成分がガスなので、密度は小さい。密度で比べると太陽系の惑星の中では地球が一番大きくなる。

天王星型惑星は大きな氷の塊の周りをガスが取り巻いている構造で、木星型に分類される場合もあるが、大部分が氷でできているので、最近では、巨大氷惑星として独立して分類されることが多い。

太陽系8つの惑星の軌道

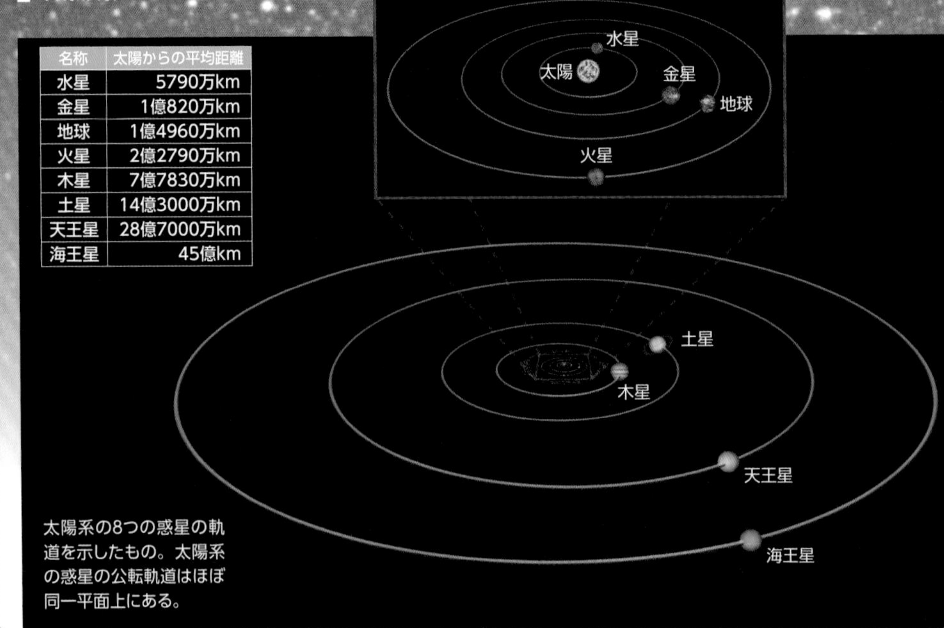

名称	太陽からの平均距離
水星	5790万km
金星	1億820万km
地球	1億4960万km
火星	2億2790万km
木星	7億7830万km
土星	14億3000万km
天王星	28億7000万km
海王星	45億km

太陽系の8つの惑星の軌道を示したもの。太陽系の惑星の公転軌道はほぼ同一平面上にある。

地球型惑星（岩石惑星）

核、マントル、地殻、大気から構成されている。密度の高い鉄やニッケルといった金属が中心部分に集まって核をつくり、その周りをケイ酸塩等の岩石成分が取り囲んでいる。小さいが密度が高いという特徴を持つ。

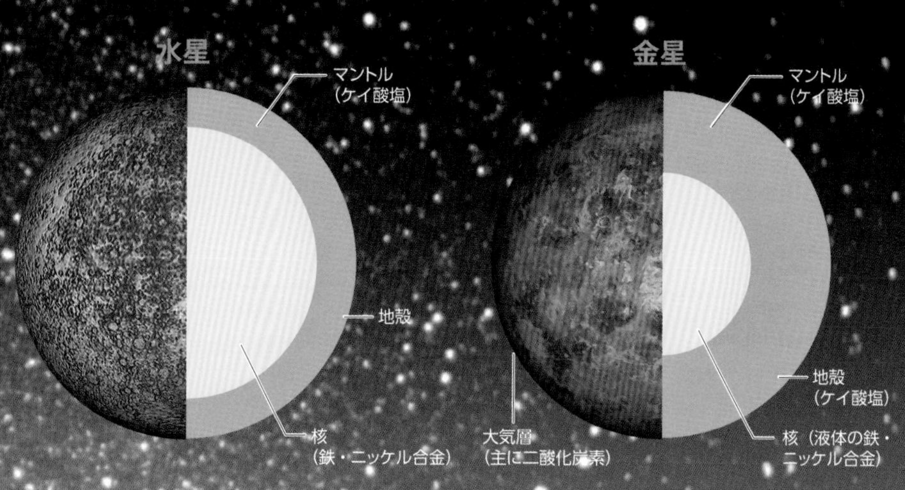

8つの惑星の中で一番内側をまわり、一番小さい惑星である。水星の全質量の約80%を鉄やニッケルでできた核が占めているが、重力が小さいので密度は約5.43g/㎤と、地球よりも小さい。

地球とほぼ同じ大きさであるが、大気の量が多く、そのほとんどが二酸化炭素であるため、気温は464℃にものぼる灼熱の惑星である。また、最近でも火山活動が起こった可能性がある。密度は約5.24g/㎤。

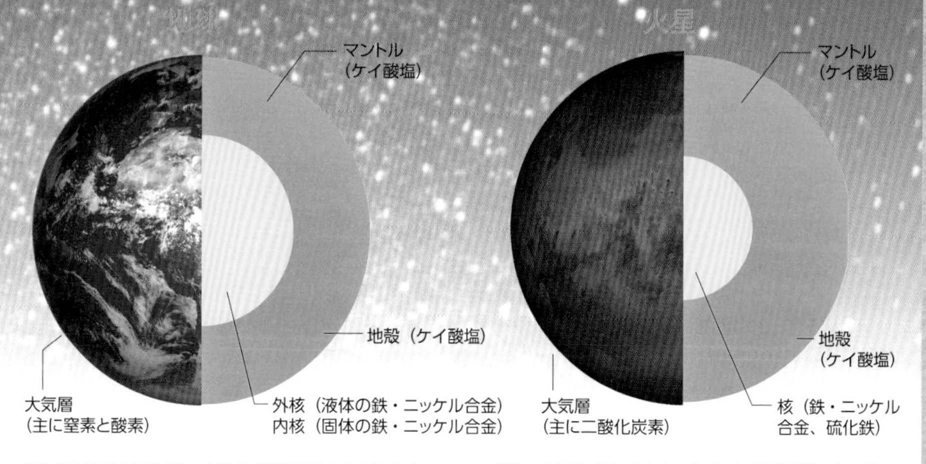

核の部分が固体の内核と液体の外核に分かれており、外核の流れが磁場をつくっている。地球内部ではマントルが対流し、地表ではプレートの運動が地殻変動や火山活動を引き起こしている。密度は約5.52g/㎤。

地球のほぼ半分の大きさであるが、構成成分、自転軸の傾き、自転周期等、類似点が多い。ただし、大気が薄いので、地球よりも気温差や気候が激しい。原始惑星そのものという説もある。密度は約3.93g/㎤。

このページでは、惑星の縮尺は実際のものと揃えていない。

木星型惑星（巨大ガス惑星）

太陽系惑星の中で突出した大きさと重さを持つ木星と土星は、巨大ガス惑星として分類されている。その構成成分を調べてみると、岩石や氷でできた核の周りを液体の水素やヘリウムが取り巻いている。これらの元素はもともと、原始太陽の周りにあったガスが惑星に捕獲されたものだ。ただし、重さが太陽の約100分の1ととても軽いため、自ら光を出す恒星になることができなかった。

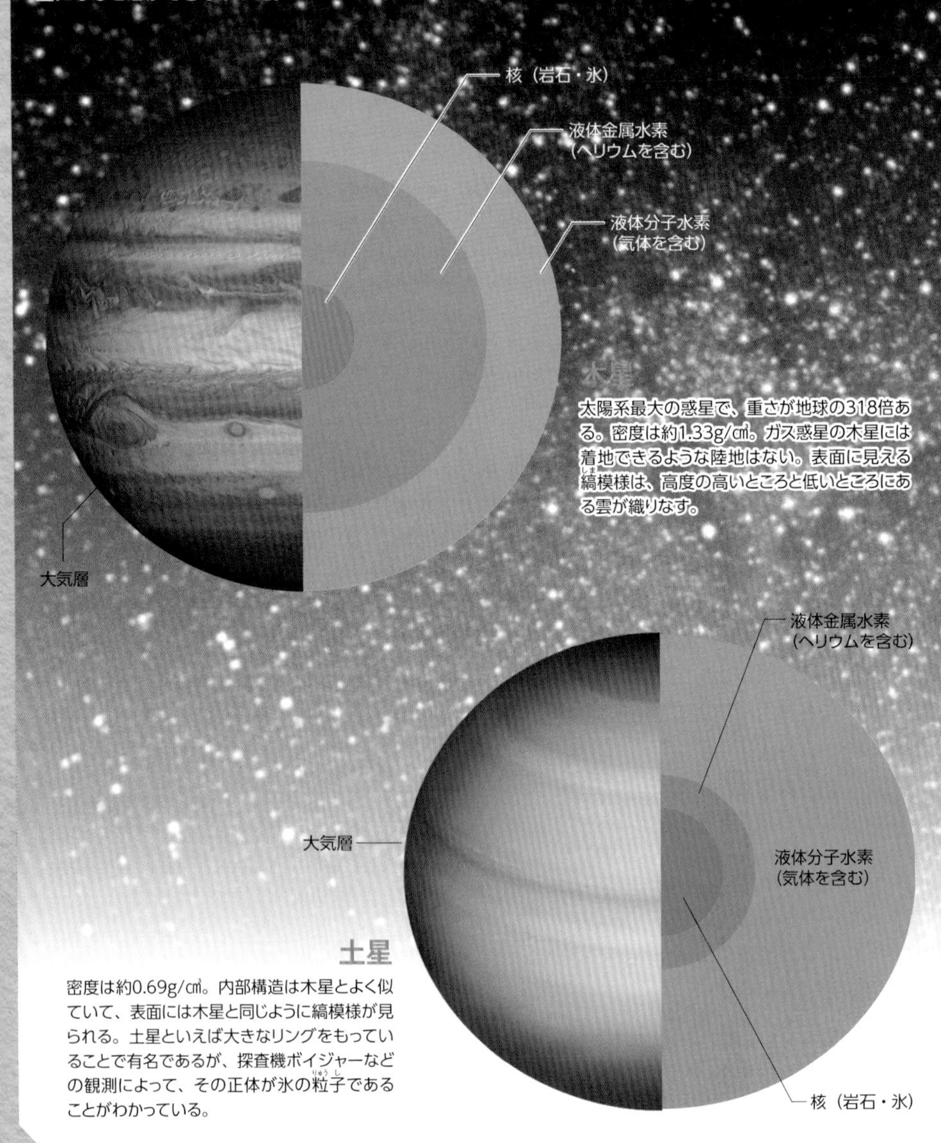

木星

太陽系最大の惑星で、重さが地球の318倍ある。密度は約1.33g/㎤。ガス惑星の木星には着地できるような陸地はない。表面に見える縞模様は、高度の高いところと低いところにある雲が織りなす。

土星

密度は約0.69g/㎤。内部構造は木星とよく似ていて、表面には木星と同じように縞模様が見られる。土星といえば大きなリングをもっていることで有名であるが、探査機ボイジャーなどの観測によって、その正体が氷の粒子であることがわかっている。

天王星型惑星（巨大氷惑星）

表面に水素、ヘリウム、メタンなどの厚いガスの層があることから、木星型惑星と分類されていた時期もあったが、大きさが違ったり、氷の成分が大半を占めているために、天王星と海王星を巨大氷惑星として分類することが多くなった。太陽系惑星の中でも一番外側の軌道をまわっているために、太陽の光がほとんど届かない。1980年代後半に探査機ボイジャー2号が接近するまでは、詳しい様子がよくわからなかった。

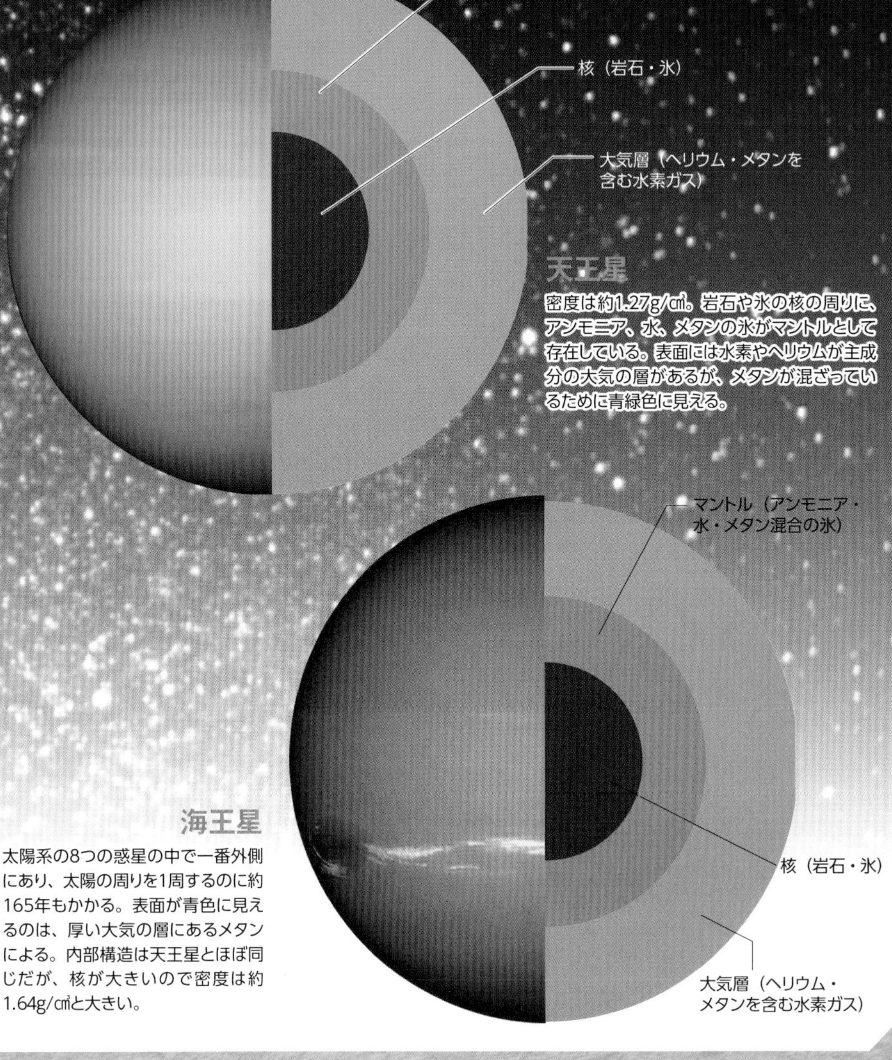

天王星

密度は約1.27g/㎤。岩石や氷の核の周りに、アンモニア、水、メタンの氷がマントルとして存在している。表面には水素やヘリウムが主成分の大気の層があるが、メタンが混ざっているために青緑色に見える。

海王星

太陽系の8つの惑星の中で一番外側にあり、太陽の周りを1周するのに約165年もかかる。表面が青色に見えるのは、厚い大気の層にあるメタンによる。内部構造は天王星とほぼ同じだが、核が大きいので密度は約1.64g/㎤と大きい。

このページでは、惑星の縮尺は実際のものと揃えていない。

原始地球とジャイアント・インパクト

原始惑星同士が激しい衝突を起こした

太陽系形成初期には、微惑星同士が衝突を繰り返し、やがて火星サイズの原始惑星が太陽系の内側領域に20個ほど形成された。そして太陽系形成後期には、それらが互いに巨大衝突（ジャイアント・インパクト）を繰り返し、惑星が形成されることになる。原始地球も、ジャイアント・インパクトを10回程度繰り返して、現在の大きさにまで成長した。

原始地球

最後のジャイアント・インパクトの際、地球は現在の90%ほどの大きさになり、表面はすでに海で覆われていた可能性が高い。

周囲に飛び散る破片

激しい衝突によって、蒸発した岩石蒸気や岩石の破片が原始地球の周囲にまき散らされる。そのほとんどは再び原始地球に落ちたと考えられている。

地球の一部がはぎ取られた

ジャイアント・インパクト

原始惑星同士の大衝突、ジャイアント・インパクト。この衝突によって月が形成されたと考えられている。

すさまじい衝撃、そして月の誕生

原始地球は、微惑星の衝突が繰り返されることによって成長した。

最近の研究では、地球形成の後半において、火星ほどの大きさの原始惑星が繰り返し衝突して、最終的に地球が形成されたと考えられている。この衝突のことを「ジャイアント・インパクト」という。

原始地球のマントル物質の一部は、巨大衝突によってはぎ取られ、周囲に飛び散ったのではないかと考えられている。飛び散った物質の大部分は、地球の重力によって再び地球に集積するが、地球の周囲で集まり、ひとつの天体になったものもあった。これが、月の誕生といわれている。

この説を裏づけるのが、月の内部構造だ。月の内部を調べてみると、核にあたる部分は全質量の約2％程度。地球と同じように微惑星の衝突からだんだんと大きくなったのであれば、核が全質量の30％ほどあってもおかしくない。このような、「月には金属鉄の核がほとんどないこと」が、ジャイアント・インパクト説の根拠のひとつになっているのだ。

巨大衝突直後の地球は、岩石が溶融・気化した岩石蒸気で覆われ、地表はドロドロとしたマグマの海が広がっていた。岩石蒸気が凝結し、地表に溶岩の雨を降らせた後には、水蒸気や二酸化炭素からなる大気が覆い、地表は数百万年にわたってマグマオーシャンのままだったと考えられている。

マグマオーシャン中の金属成分は、重力によって地球深部に沈降し、地球の中心部に核を形成する。

月の形成過程

可視化：武田隆顕 シミュレーション：Robin M. Canup（Southwest Research Institute）（巨大衝突）、武田隆顕(月集積)、国立天文台4次元デジタル宇宙プロジェクト

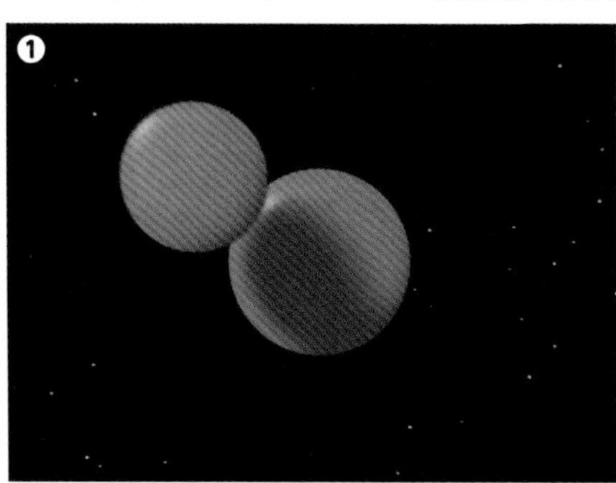

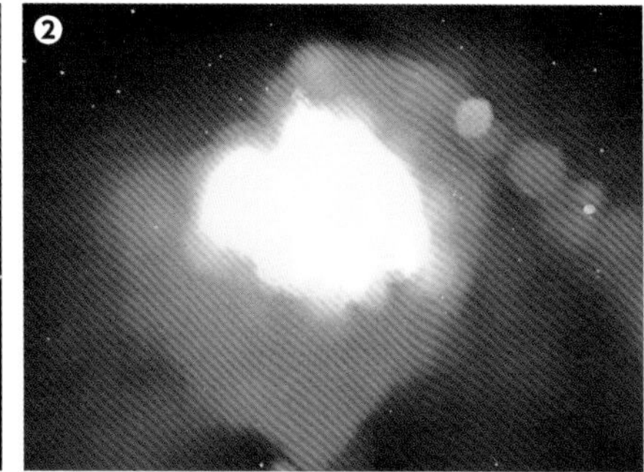

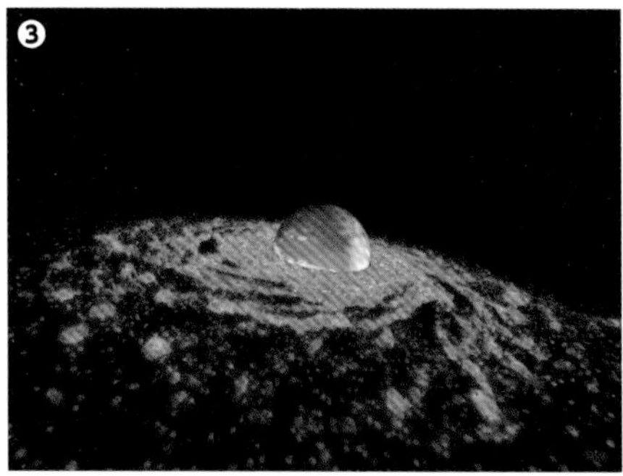

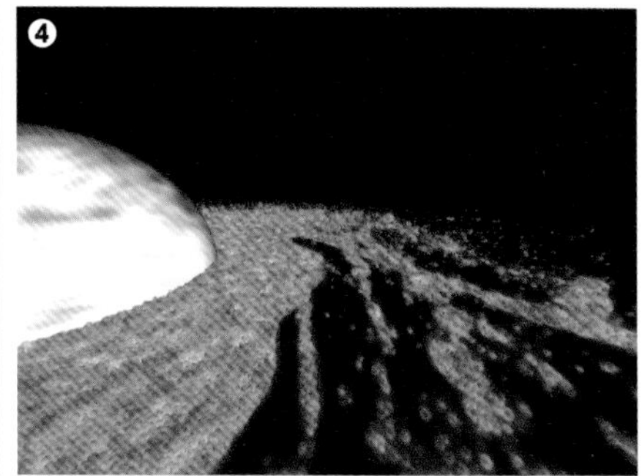

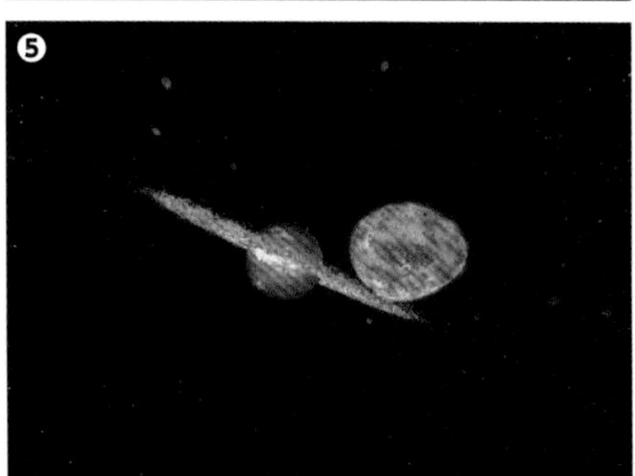

①地球は巨大衝突を繰り返して成長した。②中心からずれたところに衝突することで、衝突天体の一部が地球の周りを回る円盤を形成。③円盤が冷えて溶岩のようになり、自分の重力で集まり無数の塊を形成。④地球のすぐ近く（ロシュ限界の内側）では潮汐力に邪魔されて塊になれず、ある程度離れた軌道上で塊が成長する。
⑤1カ月ほどすると、1つの大きな塊が残った。これが月だ。

Topics

「ロシュ限界」とは何か?

ロシュ限界は、惑星や衛星が形状を保ったまま互いの引力で近づける限界の距離のこと。ジャイアント・インパクトで散らばった物質は、地球半径の約3倍以内の範囲では、重力の影響を受けて大きくなれずに、地球表面に落下。ロシュ限界の外側で集まって大きく成長したものが現在の月だと考えられる。

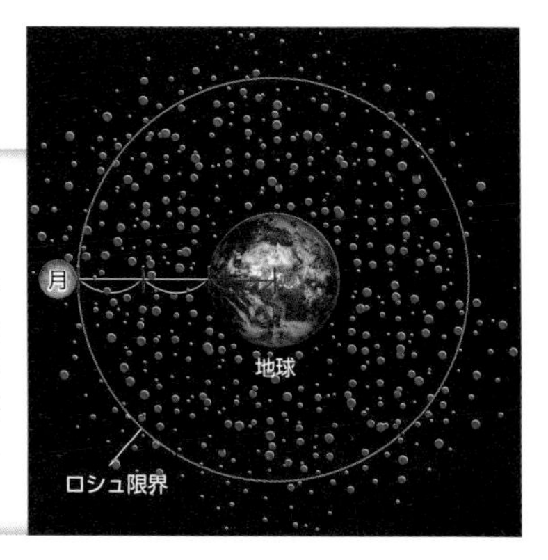

大気と海はどこから来た？

大気は脱ガスで形成された

原始地球は、水素やヘリウムからなる原始太陽系円盤ガスの中で成長した。そのため、原始地球の大気も水素やヘリウムが主成分であったが、これは現在の地球とはまったく異なる。従って、水素やヘリウムの大気は、どこかの段階で失われたはずである。では、地球の大気は、いつどのようにして誕生したのだろう？

地球の大気は、地球の材料物質である微惑星に取り込まれていたガス成分が「脱ガス」して形成されたものである、と考えられている。

まず、ジャイアント・インパクトの衝撃によって、それまでの原始地球がまとっていた大気は宇宙空間に散逸するものと考えられている。またジャイアント・インパクトによって、原始地球は大規模に蒸発・溶融して、その表面はマグマの海「マグマオーシャン」に覆われる。するとマグマにとけ込んでいた水蒸気や二酸化炭素、窒素等の揮発性成分（気体になりやすい成分）が、大気に放出される。これが、地球内部からの揮発性成分の「脱ガス」である。これによって、それまでの大気成分とはまったく異なる、現在の地球大気へとつながる原始大気が形成される。

初期の水素・ヘリウムを主体とする大気のことを「一次大気」、このような脱ガスによって形成された大気のことを「二次大気」と呼ぶこともある。

地球史初期に集中的に起こった脱ガス

ジャイアント・インパクト直後の原始地球には、現在のような液体の水をたたえた海はなかった。その代わりに広がっていたのは、ドロドロにとけた「マグマの海」だった。

マグマから海へ

ジャイアント・インパクトによって地表面は大規模に溶融し、マグマオーシャンが広がっていた。マグマオーシャンからは、水蒸気や二酸化炭素が放出され、大気として覆っていた。しかし、時間とともに地球全体が冷やされていき、ついには大気中の水蒸気が凝結して水になった。そして凝結した水が雨として地表に降り注いだのだった。

マグマオーシャンは徐々に冷えていくが、その表面は雨によって急冷されて固まり、原始地殻（ちかく）が形成された。現在の海洋量（約13億7000km^3）と同じくらいの量の雨が数百年にわたって降り続き、やがて海として表面にたたえられていく。そうして地表に海ができたことにより、地殻の物質や大気中の二酸化炭素の一部が海にとけ込むようになり、大気や海水の組成、気温等が大きく変化していく。

こうして、地球には大気と海ができ、生命誕生への下準備が整っていったのである。

COLUMN

地球の兄弟星・月

地球の周りを回る唯一の衛星である月は、潮の満ち引き等、地球にさまざまな影響を及ぼしている。ここでは、月がもたらす影響はもとより、月の誕生や人類と月の関わりの歴史について見ていこう。

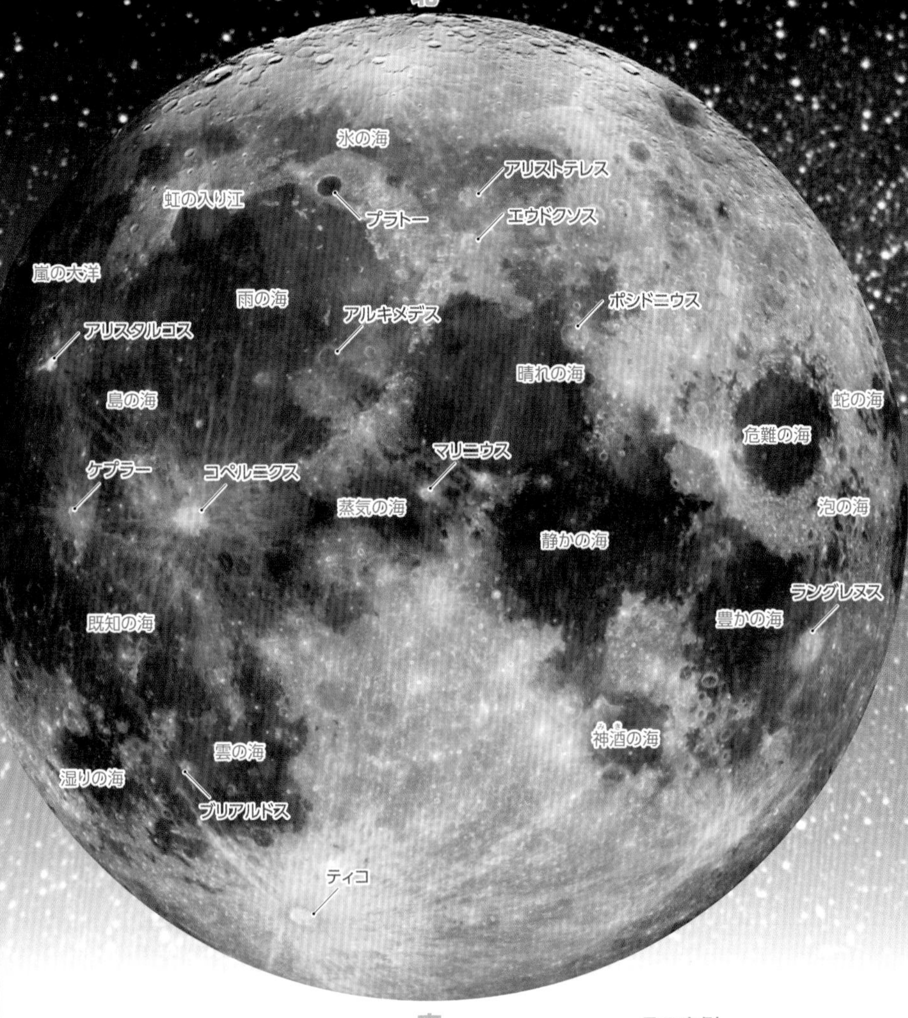

月の表側

地球から見える面。黒くなっているところが「海」と呼ばれる平らな地域で、丸いところがクレーターだ。

月の裏側

ほぼ全域がクレーターで覆われており、海がほとんどない。

解明されていない月の謎

月は謎に満ちた天体で、これまで月の誕生の経緯について、さまざまな説が提唱されてきた。以前は3つの説があったが、現在はそれらはほぼ否定され、最も有力な説が、これまで紹介してきた「ジャイアント・インパクト」となっている。

また、月の大きさも、実は他の太陽系の衛星と比べると明らかに異質だ。一般に、木星や土星など、母惑星（ぼわくせい）と衛星の直径の比率は十数分の一以下というのがほとんどなのだが、月は地球に対して約４分の１の大きさだ。母惑星に対してこれほど大きな衛星は、太陽系にはない。そして、なぜ月がこれほど大きいのかは、巨大衝突によって原始地球（げんしちきゅう）のマントルの一部をはぎ取ったとされる「ジャイアント・インパクト」説でなければ説明できない。

さらに、月面表裏の地形の大きな違いについても明確な答えを出せていない。

月の表面には、衝突クレーターをはじめとする変化に富んだ地形がある。月表面の明るく見えるところは「高地（こうち）」と呼ばれる衝突クレーターが多い地域で、暗く見えるところは「海」と呼ばれる、平坦で衝突クレーターの少ない地域だ。いつも地球から見える月の表側は暗い海の部分が多い。一方、裏側は明るい部分やクレーターが多い。これは月の裏側では溶岩の噴出がなかったからだと考えられているが、なぜそのような差が生まれたのかを説明できる定説はまだない。

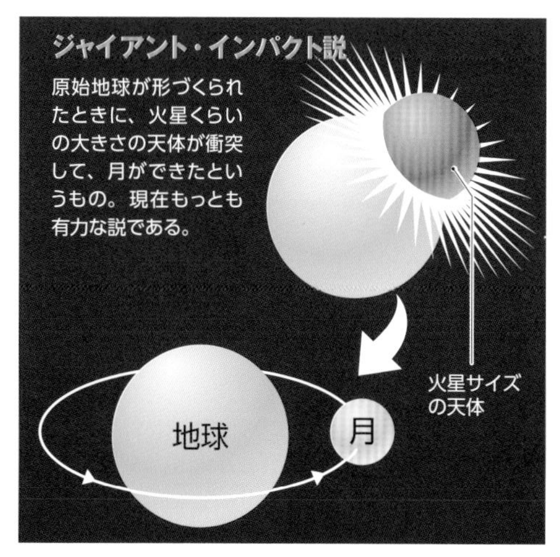

かつてあったさまざまな説

月の起源に関して、かつては3つの説があったが、それらは月の特徴を矛盾なく説明することができず、現在ではほぼ否定されている。

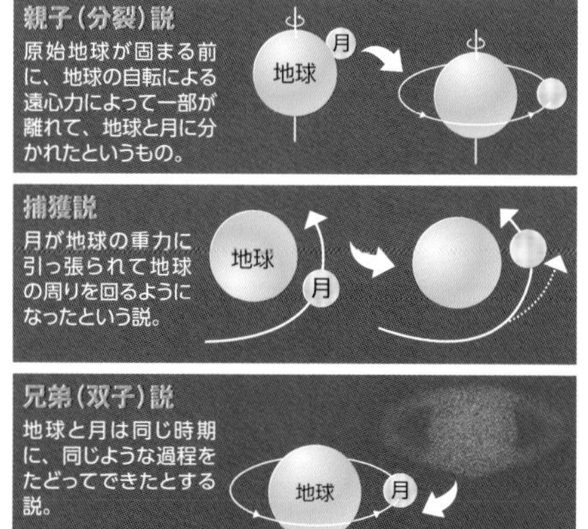

だんだん離れていった月

月は1年間に3.8cmずつ地球から遠ざかっている。その原因は潮の満ち引き、つまり潮汐（ちょうせき）である。月や太陽からの重力の影響を受けて、月に面している側とその反対側に多く海水が集まり、それ以外の方向の海水は少なくなる。そのため、同じ場所でも潮が満ちたち引いたりしているのである。潮汐力によって地球自体もラグビーボールのように変形しているが、その出っ張りは常に月の進行方向の少し先にあるため、月を引っ張って加速させているのだ。すると、月の軌道は地球から徐々に離れていくことになる。ただ、月は延々と離れ続けるわけではなく、現在より月の軌道が約40％大きくなる場所まで来ると、潮汐力と月や太陽との重力のバランスが取れ、月はこの位置にとどまると考えられている。

現在、地球上では月が太陽を隠す日食が観察できるが、月が離れれば見た目も小さくなるため、太陽をすべて隠す皆既（かいき）日食は観測できず、部分日食や金環（きんかん）日食しか見られない時代が来ることだろう。

また、誕生したばかりの地球は現在よりも自転のスピードが速かったと考えられている。ところが、潮汐力によって変形した地球が月を引っ張って加速させるのと同時に、地球の自転速度は遅くなり、現在では24時間で1回転する状態になっている。ある研究によると、1回転にかかる時間は100年間で2mm秒長くなっており、このまま続けば、5万年で1秒、1億8000万年で1時間長くなる。つまり、1日は25時間になってしまうという。

ただし、この自転速度の変化の推定値は、あくまでひとつの目安である。

月はどんどん地球から離れていくので、いずれ地球からは金環日食しか見られなくなる。ただし、それはずっと先の話なので、人類はまだしばらくは皆既日食を見ることができるだろう。

かつて地球から見えたかもしれない月のイメージ（地表は現在の月を参考にした）。かつて月の見かけの大きさは、今よりも数倍、あるいはそれ以上大きかっただろう。

地球と月の距離

月が誕生した頃は、月は地球のすぐ近くの位置にあったが、潮汐力によって変形した地球が月の公転を常に加速させるために、月の軌道は地球から徐々に離れ、現在の約38万kmの位置まで移動してきた（サイズ、距離は等縮尺ではない）。

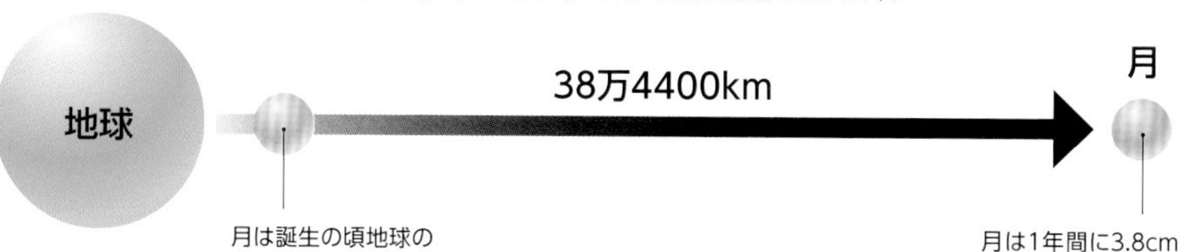

潮汐力（ちょうせきりょく）とは？

海面は半日周期で高くなったり低くなったりする。この現象を「潮汐」と呼び、その原因となる力を「潮汐力」という。例えば月に向いている海面は月の引力に引っぱられて盛り上がるが、その反対側も、月の引力よりが少し弱い分、地球の遠心力が勝るために、やはり海面が盛り上がる。

満月の日に最も満潮の水位が高くなる

満月の日は太陽と月と地球が一直線に並ぶため、月と太陽の引力が重なる。そのため海面を引っ張る力が最大になり、水位が最も高くなる。新月の日も同様だ。

COLUMN　地球の兄弟星・月

月のおかげで安定する地球

もし月がなかったら、今の地球とはだいぶ違っていたかもしれない。

地球は自転軸が公転面(こうてんめん)の垂線(すいせん)に対して約23.4度傾いている。軸の傾いたコマは回転させると首を振るように頭の部分が大きく回る。

地球も同じように首振り運動をしながら回るのだが、これに太陽系の他の天体の重力の影響が加わると、自転軸の傾きが大きくずれてしまう。現に、火星などは、木星などの重力の影響を受けて自転軸の傾きが大きく変化することが知られている。

しかし、地球ではこのような変化はきわめて小さい。そのカギを握っているのが月だ。

地球の近くに月という大きな衛星があるおかげで、地球は他の天体からの重力の影響を最小限に抑えられている。もし地球の自転軸の傾きが大きく変わるようなことが起こると、地球は現在よりも激しい気候変動にみまわれる。自転軸の傾きが小さくなれば、高緯度の寒冷化が進み、傾きが大きくなると赤道付近が極地よりも寒くなってしまう。このような変動を頻繁(ひんぱん)に繰り返すことになれば、生物も現在のように繁栄しなかったかもしれない。

月のおかげで地球の自転軸の傾きが安定し、その結果、地球の気候も安定しているのだ。

23.4度の傾きがカギ

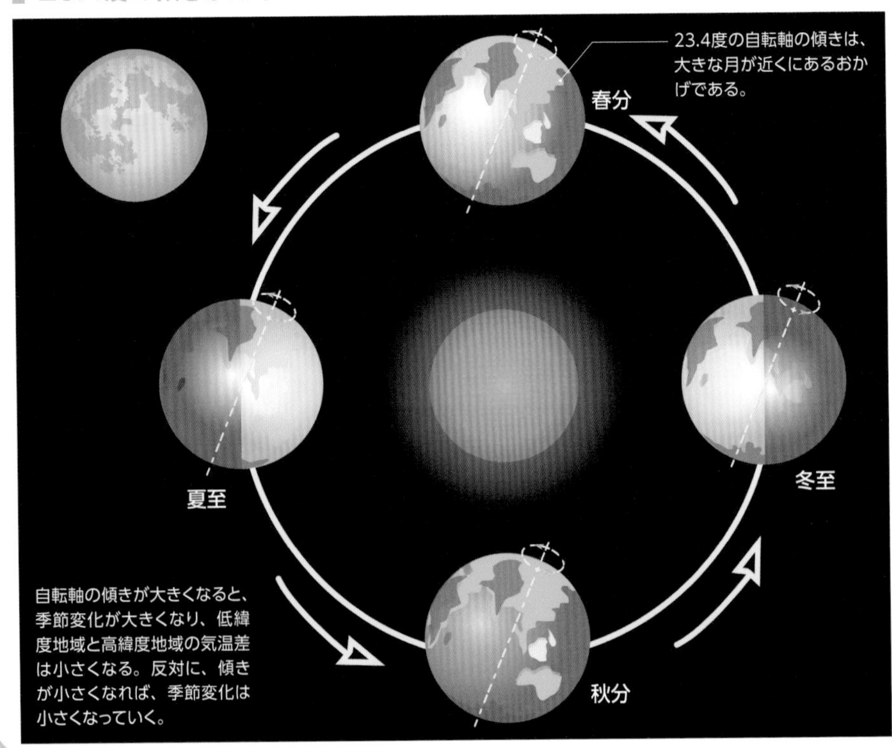

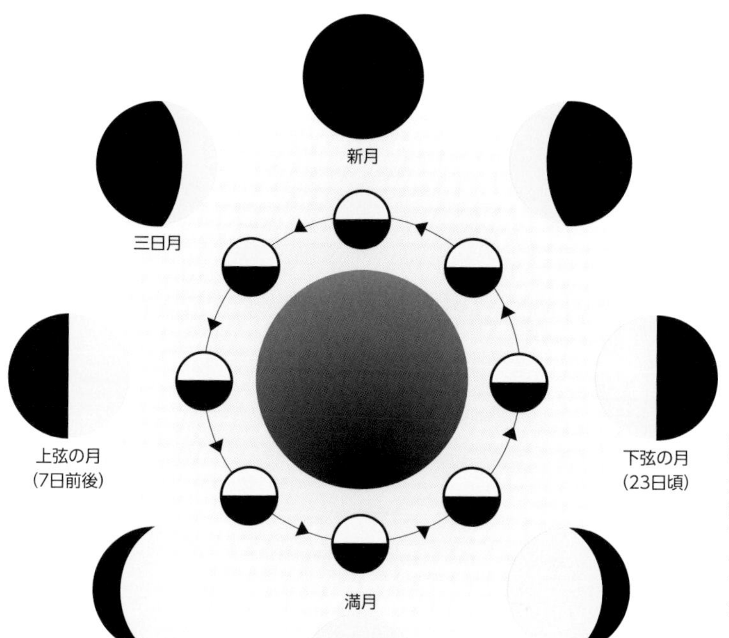

月の満ち欠け

地球の衛星として月が地球の周りを動くにつれて、太陽、月、地球の位置関係が少しずつ変化する。それに伴い、地球からの見た目の月の形（太陽の光を受ける部分と影になる部分の比率）が変化していく。これが満ち欠けだ。

Topics ①

かつて月は2つあった？

月の誕生については、ジャイアント・インパクト説が有力であるが、これまでは、火星規模の原始惑星（げんしわくせい）がぶつかった後、月が1つだけ形づくられていたと考えられていた。しかし、2011年8月に、2つの月ができていたかもしれないという可能性が発表された。

この説を発表したのはアメリカの研究グループで、数値シミュレーションしたところ、ジャイアント・インパクトで直径1000km程度の月がもうひとつできるという結果を得た。2つの月は数千万年の間、地球の周りをまわっていたが、だんだんと近づいていき、1つにくっついてしまったというのだ。月の表と裏が大きく違うのも、2つの月が合体したためだったと考えれば納得がいく。

Topics ②

「月の石」を見に行こう！

東京・上野の国立科学博物館では、46億年にわたる地球と生命の歴史を、さまざまな展示物から紹介。「地球館」の地下3階では、月からの隕石や「月の石」も見ることができる。

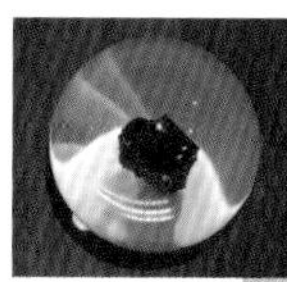

1972年、アポロ17号によって採集された「月の石」。

国立科学博物館
所在地：東京都台東区上野公園7-20
問い合わせ：ハローダイヤル（050-5541-8600）

COLUMN 地球の兄弟星・月

アメリカはアポロ11号で、人類初の有人月面着陸を果たした。

アポロ11号の船外活動で撮影された足跡。

1967年にアメリカのルナオービター 4号が撮影した「東の海」。

月探査の歴史

ガリレオ・ガリレイが手づくりの望遠鏡を使って月の表面を観察した1609年以来、人類は科学的視点での月の観察を始めた。

20世紀半ばのロケット開発をきっかけに、探査機を使った月の観測を開始。1959年10月に打ち上げられた旧ソ連の探査機ルナ3号は、月の裏側を初めて撮影することに成功し、月の表と裏がまったく違うことを明らかにした。

1960年代になると有人宇宙飛行が始まり、人類の月着陸を目指すアポロ計画がスタート。1967年の1号機打ち上げ失敗があったものの、プロジェクトは続き、1968年のアポロ8号でついに有人で月の周回飛行に成功した。そして1969年7月に打ち上げられたアポロ11号で月面に着陸することに成功。人類で初めて月に立ったニール・アームストロングとバズ・オルドリンは2時間ほど月面に滞在した。

アポロはその後17号まで打ち上げられ、合計6回の月面着陸に成功。しかしアポロ計画終了後、人類の月への関心が薄れていき、1976年の旧ソ連の無人探査機ルナ24号を最後に月探査は途絶えてしまった。

しかし21世紀に入ると、再び人々の関心は月へと向かう。国際宇宙ステーション計画が進み、月面基地建設案が浮上してきたからだ。2003年にヨーロッパの月探査機「スマート１」が打ち上げられて以降、アメリカ、中国などでも月探査を主たる目的とした衛星が打ち上げられた。

そしてアポロ計画から半世紀、アメリカを中心に「アルテミス計画」が立ち上げられた。これはNASAを中心に、日本やヨーロッパ諸国も参画して行われている有人飛行（月面着陸）の国際プロジェクト。2022年11月、新型ロケットでオリオン宇宙船が打ち上げられたことを皮切りに、2025年頃の月面着陸、2030年代の月面基地建設や火星有人探査の実現を目指し、現在研究開発が行われている。

アメリカの月面探査機エルクロス。衝突の閃光（せんこう）や放出物の観測で月面の物質、特に水の検出が期待されて打ち上げられた。

カベウス・クレーター。2009年にアメリカの月面探査機エルクロスの衝突実験。水の存在を示すデータが得られた。

オリオン宇宙船は無人の状態で打ち上げられ、月を周回する25日間の試験飛行を終えて地球に帰還した。今後は宇宙飛行士を乗せて試験飛行を行う計画。

03 地球形成後も続いた小天体の衝突

後期重爆撃——そのとき何が起こったのか？

地球が形成された後の冥王代でも、小天体同士の激しい衝突が数億年にわたって続いていた。とりわけ太古代初期の約39億年前をピークとする、天体衝突頻度の急増イベントが生じた可能性もある。

月にも衝突した小天体

地球だけでなく、そのほかの惑星にも小天体は衝突したはずである。その証拠は、月のクレーターに残っている。

地球形成後にも続いていた小天体衝突の想像図。

冥王代
太古代
原生代
顕生代
≪Chronological table
古生代
中生代
新生代
不安定な地表
当時の地球表面を覆う地殻は現在よりはるかに薄かったため、衝突の影響でマグマが噴き出していたと考えられる。

謎の多い冥王代

■ 地殻と海は存在していた

地球が形成されてからも、小天体の激しい衝突は続いていたと考えられている。しかし、誕生直後の地球の物質はほとんど残されていない。地球の歴史からすれば、最初の数億年間は謎に包まれた暗黒時代といえるだろう。そのような意味から、地球が誕生してから6億年ほどの期間のことは、ギリシア神話の冥王・Hadesにちなみ、Hadean Eon（冥王代）と呼ばれている。

このとき地殻はまだ薄く、マントルもそれほど固まっていなかったと考えられる。度重なる小天体の衝突により、地殻にできた穴からマグマが噴き出し、マグマの池（マグマポンド）等ができたかもしれない。局地的にマグマや水蒸気、二酸化酸素などが噴出し、地形や大気の変化が繰り返されたと見られている。

現在見つかっている地球最古の岩石は、約40億年前にできたと見られるカナダ北西部のアカスタ地方（p.78）で見つかったアカスタ片麻岩である。これ以前の地質記録は、激しい衝突の

ジルコンは、「ジルコニウム」が主要元素のケイ酸塩の鉱物。風化しにくいことから、火成岩や堆積岩などから見つかる。岩石や鉱物の年代測定に使われるウランを含んでいる。

アカスタ片麻岩

アカスタ片麻岩は、花こう岩が高温高圧によって形を変えた変成岩。

冥王代の初期には、地球内部にはマグマオーシャンが存在していた可能性もあり、局地的なマグマ噴出や、激しい海底熱水活動が起こっていたと考えられる。

ために、ほとんど残されていないのだと思われている。

先ほど紹介したように（p.62-63）、ジャイアント・インパクト直後にはマグマオーシャンが冷却して地殻が形成され、地表は海で覆われていた。理論的な推定によれば、ジャイアント・インパクトから海の形成までは、わずか数百万年程度しかかからないことになる。

このことを裏付けるのが、西オーストラリアのジャックヒルズ（p.78）で発見された、44億年前のジルコン粒子だ。ジルコンは大陸地殻をつくる花こう岩に含まれる鉱物である。花こう岩の形成には水が必要なため、地球誕生直後には海があった、ということになる。このことはまた、地球形成直後には、花こう岩質の大陸地殻が形成されていたことを示唆する。とはいえ、冥王代の地球環境にはまだまだ謎が多い。

衝突のカギは月にある

地球に残された冥王代の痕跡はわずかだが、ヒントは地球の隣にある月にあった。

月は、約46億年前に地球と同時に誕生し、ずっと地球を回っていたが、地球と違い大気や海が存在しないため、岩石が風化せずに、かつて起きた出来事をその表面に記録していた。特に、月に小天体が衝突した痕跡がクレーターとして残っているのだ。月の表面に残されているクレーターを調べてみると、古い年代の地域ほど、クレーターの密度が高いことがわかった。月が誕生した直後に無数の小天体が衝突し、時代を経るにしたがい、だんだんと衝突回数が減ってきた結果、今に至ると考えられるのだ。

地球は月ととても近いところに位置しており、質量は月の100倍も大きい。自らの引力によって、月よりもはるかに多くの小天体を引き寄せたことは確実である。

小天体の衝突頻度は地球形成以来だんだんと減っていったが、今から39億年ほど前、衝突頻度の急増イベント（「後期重爆撃」または「カタクリズム」と呼ばれる）があったとする説もある。そのようなイベントが生じる理由はわからないが、地球形成から6～7億年後、木星が太陽の周りを二周する間に土星がちょうど一周するような軌道関係になることで、太陽系全体が重力的に不安定となり、大量の小天体が太陽系の内側領域に落ち、その一部が地球に降り注いだという説もある。

後期重爆撃説をめぐっては現在でも研究が続いているが、冥王代が激しい天体衝突に見舞われた時代だったことは間違いないだろう。

月への天体衝突

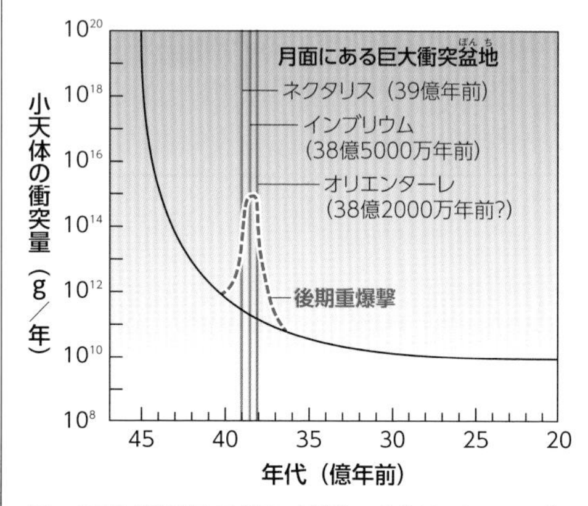

月への天体衝突頻度の推定（実線）。点線は、カタクリズムが生じたとする場合の推定曲線。月面に残された衝突クレーターから、初期の月には激しい天体衝突が続いていたことがわかる。地球にはさらに集中していた可能性が高い。

月の石

アポロ15号によって地球に持ち帰られた月の石は、ジェネシス・ロック（創世記の石）ともいわれる。分析によって、この石が太陽系形成初期のものであることがわかった。

COLUMN クレーターでわかる天体衝突

クレーター年代学とは？

太陽系における衝突天体のサイズは、ミクロンサイズの微小なダストから直径数百kmの巨大隕石(いんせき)までサイズはばらばらであったが、大きいものほど、衝突の回数が少ないと考えられる。衝突はランダムに起こっていたため、その頻度がわかれば、一定期間にどのくらい衝突があったのか知ることができるはずである。クレーター年代学とは、天体表面のある一定の面積に含まれる衝突クレーターのサイズと個数から計算されるクレーターの個数密度を用いて、その地域の形成年代を明らかにしようとするものである。ちなみに月面では、月の石の年代測定ができたおかげで、唯一クレーターの個数密度と絶対年代の関係が確立している。

地球に残る隕石孔(いんせきこう)の中でもっとも有名なクレーターのひとつは、アメリカ・アリゾナ州にあるバリンジャークレーターだろう。しかし、世界中大小さまざまなクレーターが残ってはいるが、雨風によって風化が進んでしまっているため、その詳細を調べることは難しい。

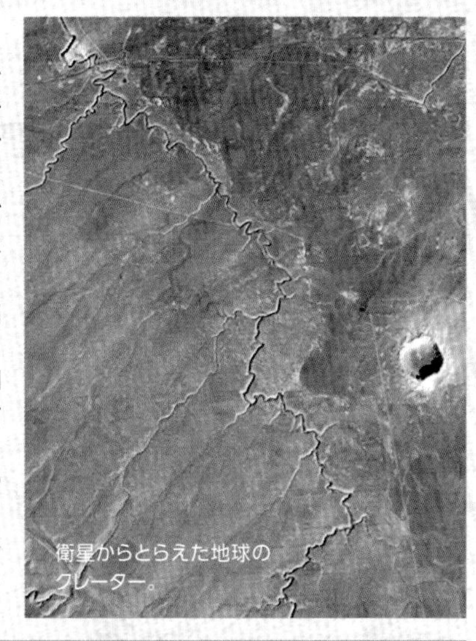
衛星からとらえた地球のクレーター。

バリンジャークレーターの直径は約1km、深さは約170mに達する。

COLUMN

大陸地殻と海洋地殻

徐々にでき上がった大陸地殻

ジャイアント・インパクト直後、いったん溶融した地表が冷えるとともに、水蒸気からなる大気も冷却し、やがて凝結して雨が地表に降り注いだ。このときの雨は温度が200℃もあり、しかもpH1以下の強酸性だったと推定されている。強酸の雨が降ると、原始地殻の岩石と一瞬にして反応し、ナトリウムイオンやマグネシウムイオン、カルシウムイオン、カリウムイオン、鉄イオン等がとけ出ることによって、海水は直ちに中和される。

その後も隕石重爆撃が続き、ときたま生じる大衝突の際には、海水の蒸発と降水による海洋の再生が繰り返された。また、大陸地殻を構成する花こう岩も少しずつつくられたようだ。

地球の地殻は、大陸地殻と海洋地殻に分けられる。水を含んだ玄武岩（海洋地殻）がプレートの沈み込みにともなって溶解することで、花こう岩（大陸地殻）ができる。

現在見つかっている最古の大陸地殻の破片は約40億年前のアカスタ片麻岩(p.74)であるが、冥王代の44～40億前にも花こう岩が形成されていたことを示唆するジルコンが発見されており、小さな大陸がすでにできていた可能性もある。ただし、大きな大陸地殻が形成されたのは、かなり後の時代になってからのようである。

大陸地殻の形成年代

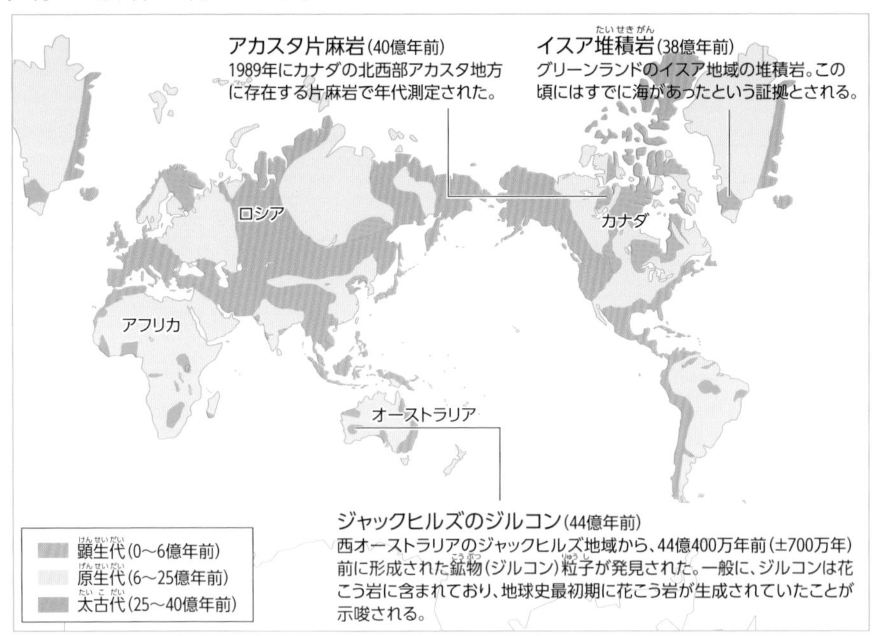

太古代や原生代の大陸地殻は、現在では地殻変動はほとんど起こらず安定しているため、「安定陸塊」または「クラトン」と呼ぶ。

大陸地殻

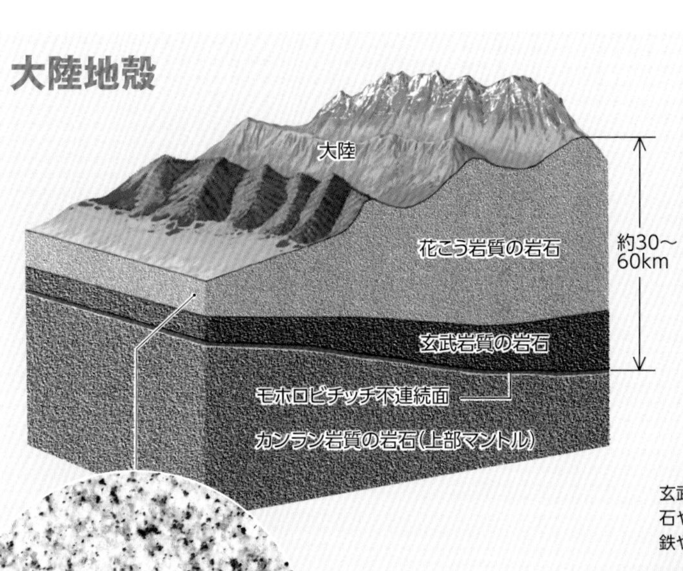

大陸を構成する地殻。上部が花こう岩質で、下部が玄武岩質の岩石。平均35kmの厚さだが、薄いところで30km、厚いところでは60km以上もある。

玄武岩。黒っぽく、カンラン石や輝石等が含まれており、鉄やマグネシウムが多い。

花こう岩。大陸地殻の岩石のほとんどはこの花こう岩とほとんど同じ組成をもつ。

海洋地殻

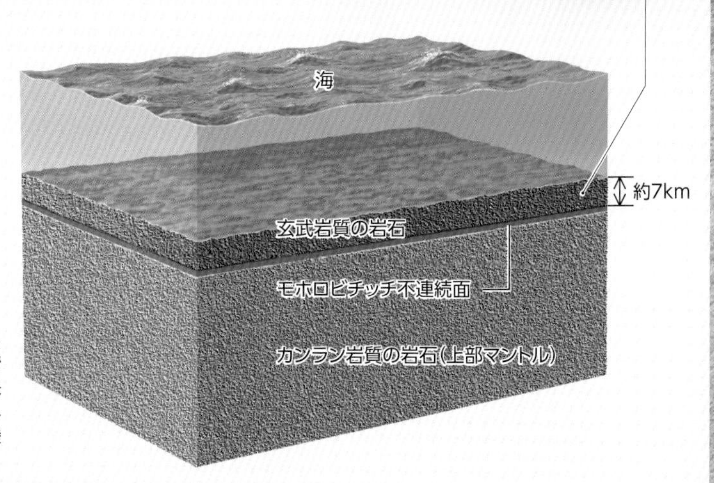

海洋地域にある地殻。主に玄武岩質の岩石でつくられている。中央海嶺で生まれ、両側へと移動していく。大陸地殻と比べて薄い。

04 生命誕生

原始の海で生まれた生命の“もと”

隕石(いんせき)の爆撃(ばくげき)の中、生命は、何度も誕生しては大衝突によって絶滅するということを繰り返していたのではないかという説もある。ここでは、生命誕生の謎について見てみよう。

最古の生命

原始生命をイメージした。生命の起源は、海の中にとけ込んでいたさまざまな成分が化学反応を起こしたものではないかと考えられている。

熱せられた水が噴き上がる

噴き上がった熱水と、海の中の物質が化学反応を起こした可能性が高い。現在の地球の海底にも、このような光景が見られる。

地下のマグマ

マグマによって熱せられた水には、さまざまな化学成分がとけ込んでいる。

海の中で生まれた生命

生命は熱水噴出孔で生まれた?

地表にたたえられた海は、ミネラルをはじめ、さまざまなものをとかし込んでいた。原始の海は、現在よりも高温であった。海の中では、アミノ酸や核酸（DNA、RNA）等、生命に必要な材料ができていった。それらが集まって、最古の生命が誕生したと考えられている。

地球上に生命が現れた時期は、約40億年前といわれているが、あまりはっきりとしたことはわかっていない。もっと早くにいた可能性も否定できないが、証拠は残っていない。

原始の地球大気中には、酸素分子が存在していなかったため、最古の生命は酸素を使わない嫌気性生物だった。最古の生命と同様、現在でも酸素を使わない生物が、深海底で暮らしている。栄養分が多くない深海底では、生物の姿をあまり見ることがないが、熱水噴出孔という、マグマで熱せられた水が噴き出す場所の周りだけは、驚くほど密集している。熱水噴出孔の近くは太陽の光が届かない暗闇の世界なので、ここに集まってくる生物は、光合成を行わない。その代わりに、熱水噴出孔から出てくる硫化水素やメタン等を利用した化学反応のエネルギーで生きているのだ。

地球最古の生命が生まれた環境は、この熱水噴出孔だったのではないかとも考えられており、この付近に暮らす生物は、地球の初期に生まれた生命の特徴を残しているのかもしれない。

プロティノイド・ミクロスフェア。アミノ酸を熱してできるタンパク質もどきの物質を水に溶かすと、細胞のような構造が形成される。生命誕生にこのような構造体が関与したかもしれない。（写真撮影：原田馨博士）

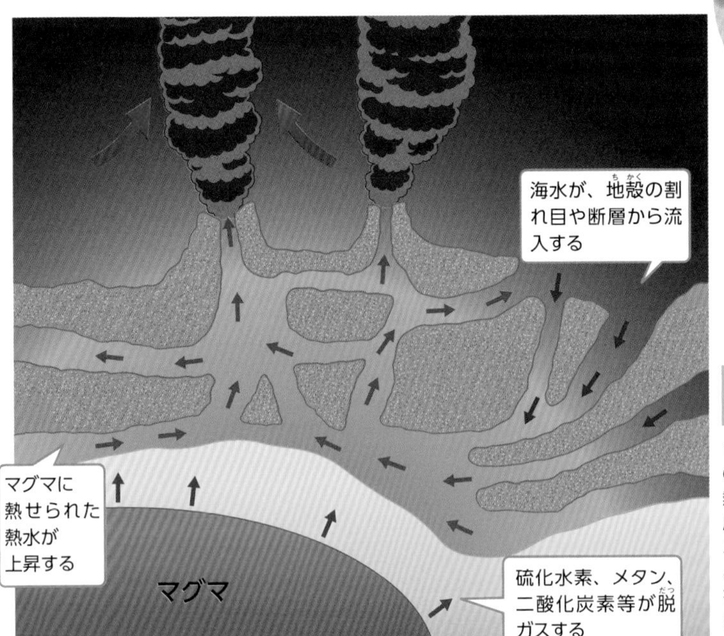

熱水噴出孔のしくみ

1977年にガラパゴス諸島の沖合で見つかって以来、熱水噴出孔は世界中の海底で発見されている。熱エネルギーや有機物のもととなるさまざまな成分が存在する海底熱水噴出孔は、生命誕生の場である可能性が高い。

“生命のスープ”を再現したミラーの実験

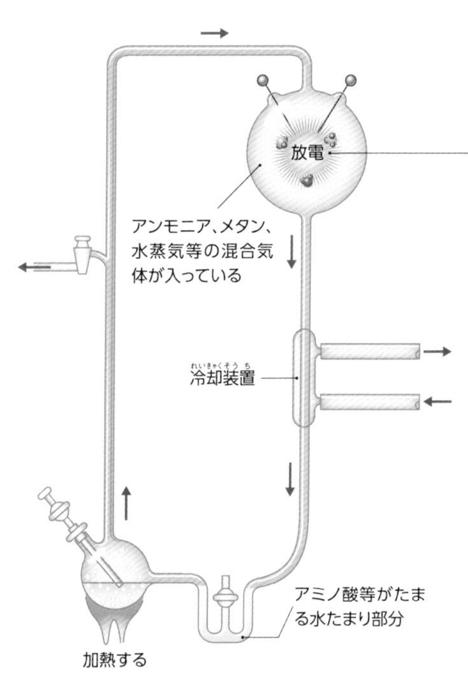

ミラーはフラスコの中で原始地球の大気を再現させ、雷を模した放電を繰り返した。

生命が生まれるためには、水、エネルギー、有機物の3つがそろう必要がある。初期の地球には水とエネルギーがあることはわかっているが、3つ目の有機物がどこから来たのかがいまだにはっきりしていない。そこで、有機物が地球の表面で合成できることを示したのが、アメリカの化学者スタンレー・ミラーだった。

ミラーは1953年に、当時、初期の大気の成分として考えられていたメタン、アンモニア、水蒸気等を満たしたフラスコの中で放電を繰り返すと、アミノ酸ができることを証明した。初期の地球で頻繁に起こっていた雷のエネルギーを使えば、大気の中で有機物がつくられることがわかったのだ。ただ、現在は、ミラーの頃とは違い、初期の大気は二酸化炭素や一酸化炭素、窒素だったと考えられているので、この実験が地球に有機物をもたらしたプロセスを模倣したことにはならない。しかし、有機物を比較的簡単につくることができると示した、価値のある実験だ。

海底熱水噴出孔に住む生物たち

カナダのファンデフカ海峡の海底。噴き出す熱水は硫化鉄等の鉱物も含まれ黒く見えるため、ブラックスモーカーと呼ばれる（写真奥）。赤い物体（写真手前）は「チューブワーム」という生物で、体内に住まわせたバクテリアから栄養をとっている。

酸素を出す光合成・出さない光合成

地球に誕生した生命は、環境によっていろいろな種類がいたと考えられている。太陽の光が届かない深海では化学合成によってエネルギーをつくる生命が生まれたのに対し、浅い部分では、太陽の光を活用した光合成生物が誕生したと見られる。太陽から降り注ぐ光はとても多く、このエネルギーを使わない手はないからだ。ただ、光合成といっても、現在の生物のように、酸素をつくるわけではない。

光合成は、もともと光エネルギーを、生物が利用できる化学エネルギーに変えるしくみである。最初の生命は酸素をつくらず、あくまでエネルギー獲得を目的として光合成を行っていた。数億年から十数億年の時間をかけて、現在のように酸素を出す光合成生物が出現したのだ。

大酸化イベントと全球凍結

原生代に起こった環境変化

原生代は、約25億年前～5億4200万年前を指し、さまざまなイベントが起こった時代だ。原生代の前期と後期には酸素が増大し、地球環境が大きく変わった。そして、約23億年前、7億年前、6億5000万年前には、地球史上最大の氷河時代を迎えることになった。

全球凍結

地球全体が氷で覆われる状態。約23億年前、7億年前、6億5000万年前に起こったと考えられている。

部分凍結（ぶぶんとうけつ）は、極冠（きょくかん）（北極地方や南極地方に見える氷に覆われた部分）がある緯度まで張り出している状態。現在の地球は南極やグリーンランド等に氷床（ひょうしょう）があることから、部分凍結状態である。

部分凍結が進み、緯度20〜30度まで氷が張り出すと、不安定となって全球凍結状態になる。

大気中の酸素が急増した

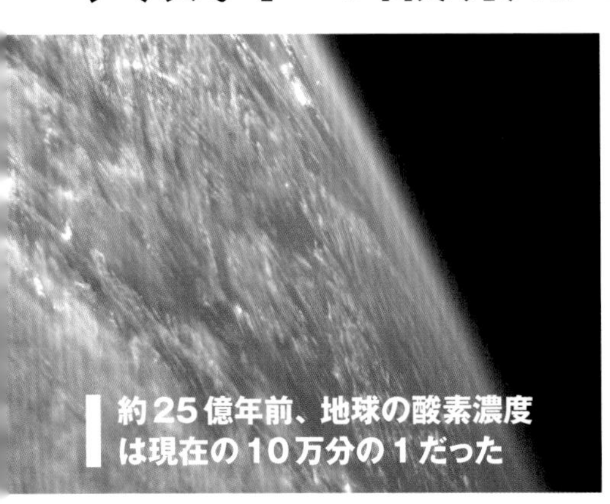

約25億年前、地球の酸素濃度は現在の10万分の1だった

酸素は有害な物質?

私たちが生きるためには、酸素が必要だ。それゆえ生命には欠かせないと思い込んでいるが、クギ等の鉄製品を放置しておくと赤いサビがついてしまうように、酸素は周りのものと非常に反応しやすく、ありとあらゆる物質を酸化させてしまう物質だ。特に、生物の細胞内で酸素分子から、より反応性の高い活性(かっせい)酸素が生じ、細胞にダメージを与えてしまう。従って、酸素を利用する生物は、有害な活性酸素を除去する酵素(こうそ)を発明する必要があった。

地球が生まれてから数億年の間は、酸素を必要としないばかりか、酸素があると死滅してしまう“酸素嫌い”の嫌気性生物(けんきせいせいぶつ)が海の中に多く存在していた。

そしてかつては海の深いところでは光を必要としない化学合成でエネルギーを得る生物が、浅いところでは光合成する生物がおり、どちらも酸素をつくらなかった。さらに、光合成

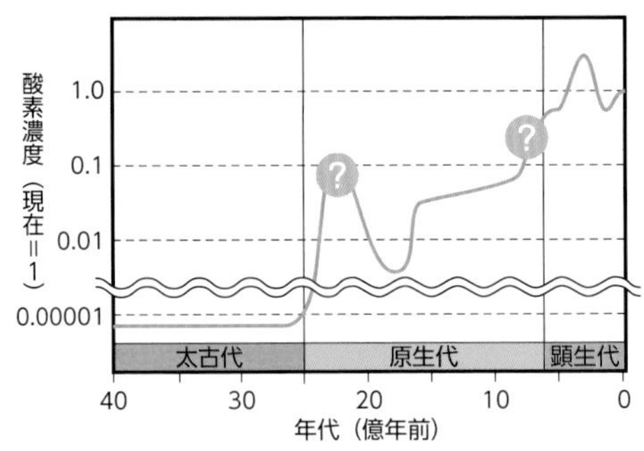

酸素濃度の増大史

現在の酸素濃度を1としたときの、40億年前から現在までの変化。「?」の部分は詳細が不明だが、酸素が地球大気の主成分になったのは、ここ数億年のことだということがわかる。

光合成のシステム

- **光合成**
  - **明反応(めいはんのう)**：NADPH(※1)とATP(※2)を合成する過程。光エネルギーを使った光化学反応。
    - **光化学系(こうかがくけい)Ⅰ**
    - **光化学系Ⅱ**
    - 植物は葉緑素を用いて、2段階で光の吸収を効率的に行う。各光化学系は吸収する光の波長が異なる。
  - **暗反応(あんはんのう)**：明反応でつくったNADPHとATPを用い、水とCO_2から糖(とう)を合成する過程。

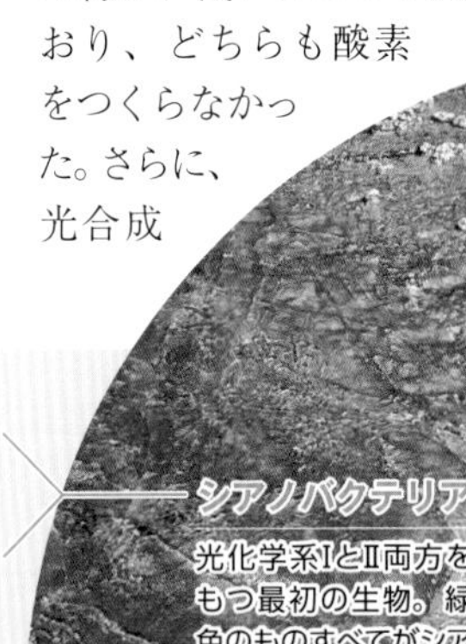

シアノバクテリア

光化学系ⅠとⅡ両方をもつ最初の生物。緑色のものすべてがシアノバクテリアだ。

※1 還元型ニコチンアミドアデニンジヌクレオチドリン酸。光合成で用いられる化合物のこと。
※2 アデノシン三リン酸。生物はATPを用いた化学反応で得られるエネルギーを利用している。

現生のストロマトライト（写真上）。オーストラリアのシャーク湾等限られた地域でしか見られず、今でもゆっくりと成長を続けている。シアノバクテリア（らん藻類）の死がいと堆積物が何層も積み重なって形成されている（写真左はストロマトライトの化石）。

にも、利用する光の波長が異なる2つのシステムがあり、光合成生物はどちらかのシステムしか持っていなかった。

ところがあるとき、その2つのシステムをあわせ持ち、酸素をつくる生物が生まれた。それがシアノバクテリアである。これは光合成によって酸素を放出する初めての生物で、その出現は約35億年前と考えられていた。これは、西オーストラリアの約35億年前の地層から、シアノバクテリアに似た化石が発見されていたからであるが、最近、この化石はシアノバクテリアのものでないことが明らかとなった。発見された場所が35億年前の深海底だとわかり、光合成ができる場所ではなかったという。

地球の大気の変化を調べてみると、大気中の酸素濃度が増えてきたのは約24.5億年ほど前。少なくともこの年代までにはシアノバクテリアが生まれたはずだが、詳しい年代を特定するには、もう少し時間がかかりそうだ。

COLUMN

鉱物が教えてくれる酸素の歴史

気体は目に見えないうえに、1つの場所にとどめておくのが難しい。それではなぜ、数十億年も前の大気のことがわかるのだろうか？　それは、その痕跡が大地に残されているからだ。

周囲のものを酸化させるという酸素の性質から、地表の鉄の鉱物が酸化されると、赤い色をした赤鉄鉱（写真）ができる。この赤鉄鉱の層である赤色土層が、約22億年前の地層から世界中で発見されているのだ。もし、大気に酸素が含まれていなければ鉄の酸化が起こらず、赤鉄鉱がつくられることはない。実際、これより前の地層には赤色土層は見られない。

反対に、24.5億年以前の地層には、酸素があると分解されてしまう黄鉄鉱や二酸化ウランといった鉱物の堆積性鉄床が発見されている。鉱物に残された痕跡をもとに考えていくと、このあたりから大気中の酸素濃度が増えてきたことがわかるのだ。

生物の主役交代

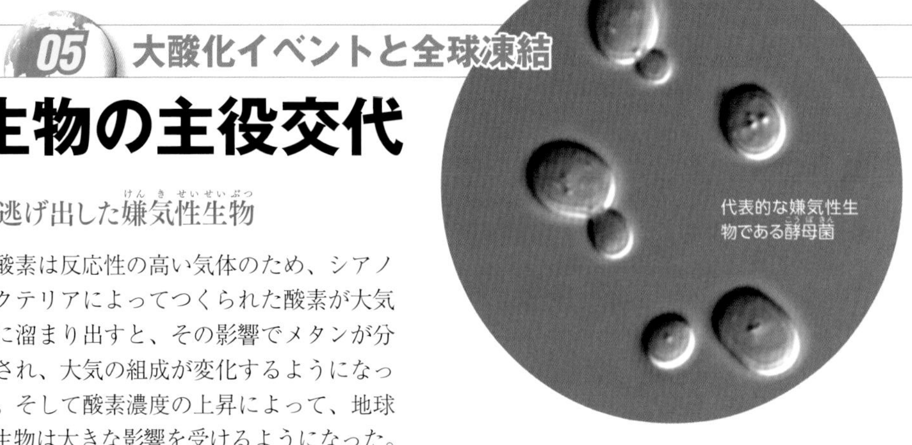
代表的な嫌気性生物である酵母菌

逃げ出した嫌気性生物

酸素は反応性の高い気体のため、シアノバクテリアによってつくられた酸素が大気中に溜まり出すと、その影響でメタンが分解され、大気の組成が変化するようになった。そして酸素濃度の上昇によって、地球の生物は大きな影響を受けるようになった。

大気中の酸素濃度が上昇するまで地球で繁栄していたのは、酸素を必要としない嫌気性生物だった。しかし彼らは酸素があると生存できないため、酸素が届かない深海底や地面の中に逃げ込むことになった。

一方嫌気性生物の生活圏が一気に狭くなったと同時に現れたのが、酸素を活用する好気性の生物だ。例えば、私たちは酸素を使って、糖を水と二酸化炭素に完全に分解して活動のエネルギーを得る酸素呼吸をしている。これは、嫌気性生物が行っていたエネルギー活動（発酵）と比べて、19倍も効率のいい手段である。

ただし、酸素呼吸が有効になるためには、大気中の酸素濃度が現在の1％以上になる必要がある。大気中の酸素濃度が約22〜20

地球上の生物の分類

真正細菌（バクテリア）

細菌とは、いわゆるバクテリアのことで、大腸菌、枯草菌、シアノバクテリア等が属するグループである。形態的には、古細菌とともに原核生物としてくくられるが、古細菌とは全く異なる系統に属する。

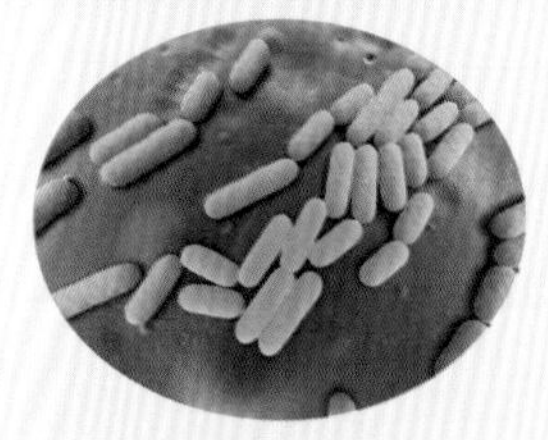
枯草菌は好気性で、空気中、枯れ草、土壌等広く分布する細菌。納豆菌もこの一種だ。

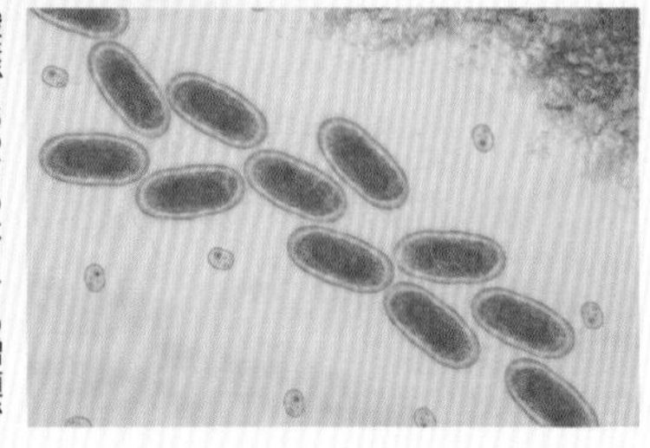
酸素があってもなくても増殖できる通性嫌気性である大腸菌。

古細菌（アーキア）

リボソームRNA等に基づく系統解析の結果、真正細菌（バクテリア）とは違う系統の生物であることがわかり、第三のグループとして認識されるようになった。100℃近い温度で生きていける微生物である「超好熱菌」や高塩濃度環境で生きていける「高度好塩菌」等が属する。

真核生物（ユーカリア）

私たちヒトを含む動物、植物、菌類、原生生物がこのグループに属する。真核生物の細胞には酸素呼吸を行うミトコンドリアがあり、現在の1％以上の酸素濃度が必要とされている。

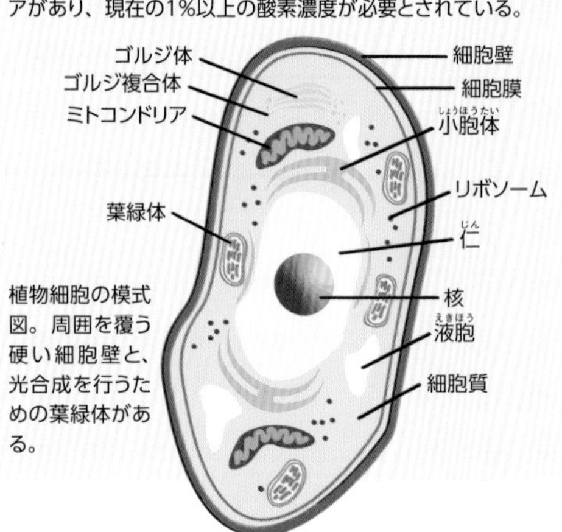

植物細胞の模式図。周囲を覆う硬い細胞壁と、光合成を行うための葉緑体がある。

億年前頃に急上昇したことを示唆する地質学的証拠は多く、この大酸化イベントによって、酸素濃度が現在の1%を超えたのではないかと考えられている。酸素呼吸を行う好気性生物も、この頃出現した可能性が高い。

そして酸素濃度の増加が、真核生物の出現にもつながる。真核生物は、古細菌に真正細菌が共生することによって誕生したと考えられている。真核生物は、膜に包まれた細胞内にさまざまな細胞内小器官を持っている。これらは、もとをたどればシアノバクテリアや、好気性細菌であるアルファプロテオバクテリア等であったと考えられている。

3つに分けられる地球上の生物

現在、地球上の生物は大きく3つのグループに分けられる。1つ目は大腸菌、枯草菌等がいる真正細菌。真正細菌は細胞内に核を持たない原核生物で、非常に多様な代謝系を持っている。2つ目は真正細菌とは別の系統に属する古細菌のグループ。メタン菌や高度好塩菌等特殊な環境に生息することが多い生物だ。そして3つ目が真核生物。このグループは細胞内に核を持ち、ヒトも属するグループである。

生命を遡っていけば、この3つのグループの共通の祖先がいるはずだ。最近の研究で、その共通祖先に一番近い生物がわかってきた。地下の鉱山温泉から見つかったアセトサーマスという好熱菌の1種を調べてみると、生物の共通祖先が持っていたと考えられる代謝系を保持していることがわかったという。

ヒトも、身近な植物や動物も、同じ真核生物である。

生物の分類系統

核を持たないのが「原核生物」で、核を持つのが「真核生物」。なお、遺伝子的には、古細菌が真正細菌よりも真核生物に近いとされる。

真正細菌（バクテリア）
緑色非硫黄細菌
グラム陽性菌
プロテオバクテリア
シアノバクテリア
フラボバクテリア
サーモトガ
サーモデスルフォバクテリウム
アクイフェックス

古細菌（アーキア）
メタノバクテリウム
メタノサルシナ
高度好塩菌
サーモプロテウス
メタノコッカス
サーモプラズマ
ピュロディクティウム
サーモコッカス
メタノピュルス
海洋性クレンアーキオータ
ピュロロブス

真核生物（ユーカリア）
エントアメーバ
粘菌
動物
菌類
植物
繊毛虫
鞭毛虫
トリコモナス
微胞子虫
ディプロモナス

原核生物
真核生物

M.T. Madigan and J.M. Martinko, Brock Biology of Microorganismsを改変

COLUMN

生命とは何か？

DNAはデオキシリボ核酸（Deoxyribonucleic acid）の略で、遺伝子の本体。糖、リン酸、塩基（アデニン、グアニン、シトシン、チミンの4種）から構成されるヌクレオチドという単位で繰り返される二重らせん構造。

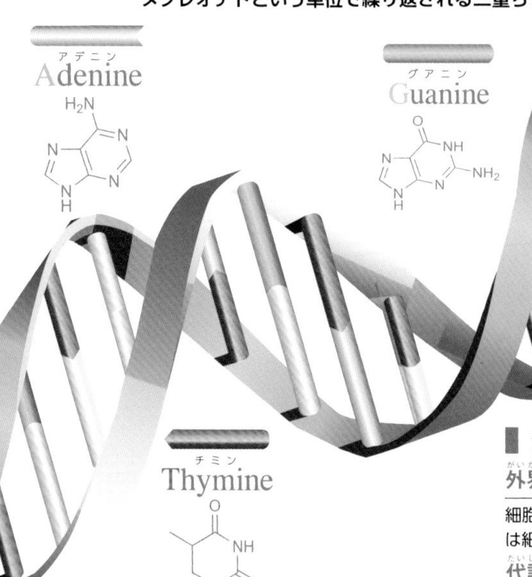

生命の定義

外界との境界を持つ

細胞は細胞膜に包まれ、外界と区別されている。生物は細胞を構成単位としているともいえる。

代謝

外界から物質やエネルギーを取り込み、化学反応によって新しいエネルギーを生み出し、生命を維持する。

自己複製

生物は細胞分裂によって、自らの遺伝情報を子孫に受け渡している。

進化する

生物は、短期間では自己複製で自分と同じ生物を生むが、長期間で見れば地球環境の変化に合わせてさまざまな進化（変異）を起こす。

RNAワールド

生命は他の物質と同じように原子でつくられている。原子が組み合わさり、特定の機能を持つ分子ができ、その分子が集まって物質となる。しかし、生命と物質の大きな違いは、外界との境界、代謝、自己複製、突然変異による進化等の機能を併せ持つことだ。代謝とは、外の世界から物質やエネルギーを取り込み、化学反応を通じて生命を維持することで、自己複製は、自らの遺伝情報を子孫に伝え、同じものをつくる機能である。生命では、代謝の役割をタンパク質が、自己複製はDNAが受け持っている。DNAには自分自身の設計図が書かれており、その設計図に沿ってタンパク質がつくられる。

ところが、生命の起源を考える場合には、パラドックスが生じる。タンパク質をつくるためにはDNAが必要だが、DNAからタンパク質をつくる際には、反応を触媒する酵素（タンパク質）が必要だからだ。いったいどちらが先だったのだろうか。この謎は、RNA（リボ核酸）がDNAと同じように遺伝情報を持つだけでなく、タンパク質のような触媒作用を持つことがわかったことで、解決できる可能性が出てきた。

すなわち、DNAやタンパク質よりも先にRNAが誕生したのではないかということだ。これを「RNAワールド仮説」という。この仮説によると、最初はRNAが自分自身を増やしていき、そのうちに、DNAやタンパク質がつくられるようになり、現在の生命へとつながっていったのではないかという。

この仮説は、生命の起源を無理なく説明しているので、有力な考え方とされている。

生命はどこから来たのか

ミラーの時代には、生命のもととなる有機物は地球の大気中でつくられたと信じられていたが、最近は、宇宙でつくられたのではないかという説も唱えられている。宇宙空間からやってくる隕石（いんせき）からも、アミノ酸等の有機物が発見されているというのがその証拠だ。実際宇宙空間には、多くの有機物が漂っていることが確認されている。

宇宙空間には、分子雲（ぶんしうん）と呼ばれる、ガスや固体微粒子（こたいびりゅうし）の密度の高い領域が存在する。分子雲には有機物が存在することが観測されており、分子雲の密度の高い領域が重力的に収縮（しゅうしゅく）することで、星が誕生する。太陽が誕生したときにも、その周りには有機物を含んだチリが多くあった。しかし、微惑星（びわくせい）の衝突や成長によって多くの有機物は熱分解してしまった可能性が考えられる。

ただし、太陽から遠方では氷からなる微惑星（氷微惑星（こおりびわくせい））が大量に形成されていたと考えられている。これらが彗星（すいせい）として地球形成後に大量に地球に降り注ぐことにより、宇宙から地球に有機物がもたらされた可能性も考えられる。

隕石中に生命の源（みなもと）があった？

マーチソン隕石

オーストラリア・ビクトリア州のマーチソン村付近に飛来した隕石。隕石からは、地球上にほとんど存在しないアミノ酸が検出された。つまり、この成分は地球上の物質が混入したのではなく、隕石そのものに含まれていたと考えられる。

右手型アミノ酸・左手型アミノ酸

一部のものを除き、多くのアミノ酸は、左手型（L-アミノ酸）、右手型（D-アミノ酸）に分かれる。これは、1つの炭素に4つの異なる基がくっついているため、一方を鏡に映すとぴたりと重なる性質がある。地球の生物はタンパク質を生成するとき左手型だけを使うため、右手型は地球上にほとんど存在しない。

隕石にもさまざまな種類があるが、炭素を含んだ黒っぽいものを「炭素質コンドライト隕石」という。炭素質コンドライト隕石は、太陽と類似の元素存在パターンを示すため、太陽系形成期の情報を持っている。その代表的な隕石の1つが「マーチソン隕石」である。

これは1969年にオーストラリアのマーチソン村付近に落ちてきたもので、調べてみると、多くの種類のアミノ酸が抽出（ちゅうしゅつ）された。特に隕石の内側にも、グリシン、アラニンといったタンパク質を構成するアミノ酸が多く含まれていた。

またアミノ酸は左手型と右手型に分かれるが、地球上には右手型アミノ酸はほとんど存在しない。しかしマーチソン隕石には、両型がほぼ等量含まれていることが判明。これは、隕石に含まれていたアミノ酸が宇宙を起源にしている証ともいえる。

最初の超大陸の誕生

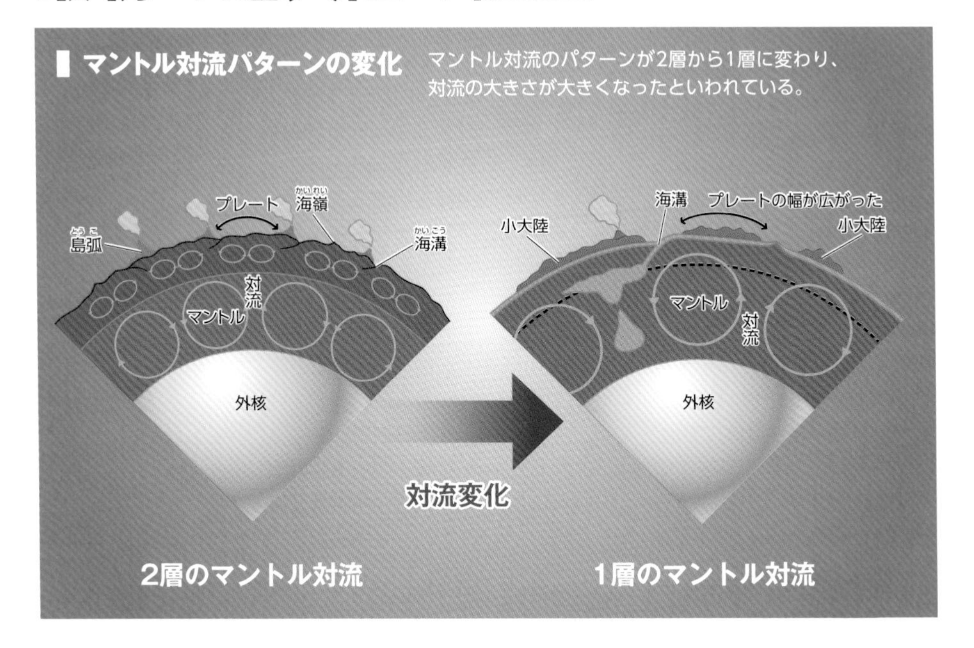

マントル対流の変化

原生代に入ると、地殻にも大きな変化が起きた。それまでは小さな島のような陸地しかなかったが、大きな大陸が形成されるようになったのだ。この大陸が生まれた背景に、マントル対流（p.28）の変化があるという考え方がある。

この説によると、地球史前半はマントルの温度が高く、マントル対流は、上下の2つの流れに分かれていた可能性があるという。

そして、上部マントルでの対流は、対流のスケールが小さいため、当時のプレートもスケールが小さく、小規模な衝突や合体があっても、地球表面では大陸は大きく成長できなかったのではないかとも考えられている。

そしてマントルの冷却に伴って、地球史の半ばに、マントル全体がぐるっと入れ替わる、「マントルオーバーターン」が生じた可能性が指摘されている。

これによって、それまで2つに分かれていたマントル対流が1つになり、地表付近のプレートのスケールも大きくなり、超大陸が形成されるようになったのではないかというのである。

マントル対流は、地表付近のプレートを動かす原動力である。冷えて重くなった海洋プレートは、軽い大陸の下に沈み込むため、マントル対流の下降流は、大陸の縁に形成される。その結果、地球表面に散らばっている大陸は、徐々にひとつに集まりやすくなり、超大陸が形成される。

これまで知られている最初の超大陸は、約19億年前のヌーナと呼ばれるもので、現在の北米大陸よりも少し面積が大きかったようだ。

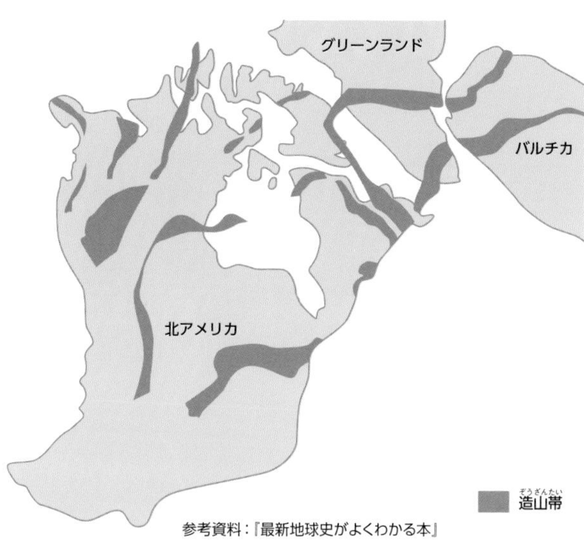

参考資料：『最新地球史がよくわかる本』

超大陸ヌーナ

マントル対流のパターンが変わり、小大陸同士がぶつかるようになっていった。そして約19億年前、陸地が1カ所に集まり、北米大陸よりも少し大きい程度の「超大陸ヌーナ」が誕生した。

現在の北米大陸周辺

COLUMN ウィルソンサイクル

超大陸ヌーナが誕生した後、超大陸は分裂と集合を繰り返すようになった。カナダの地球物理学者ツゾー・ウィルソンは、大陸が離合集散（りごうしゅうさん）する可能性を提唱した。それは「ウィルソンサイクル」と呼ばれる。ウィルソンサイクルは、マントル対流によってプレートが動くことで起こり、3億～4億年かけて一回りする。そのサイクルにあわせて、超大陸が誕生したり、分裂したりする。

1 大陸分裂開始

ホットプルームが大陸の下で活動を活発にすると、その影響で大陸に裂け目が生じる。

2 大陸分裂

大陸は大きく断裂し、大陸と大陸の裂け目に海水が浸入して新しい海がつくられる。

3 海洋底の拡大

ホットプルームが活動していた場所が海嶺（かいれい）となり、新しい海洋底が拡大していく。その結果、新しい海の面積が大きくなっていく。

4 沈み込み帯の形成

やがて大陸地殻の縁辺部（えんぺんぶ）で破壊が生じ、冷たくて重たい海洋プレートが軽い大陸プレートの下に沈み込んで、沈み込み帯がつくられる。

5 海洋底の縮小

だんだんと海洋プレートの生産能力が落ちていく。同時に、海嶺自体も沈み込み帯に沈んでいき、海洋プレートの生産が完全に停止する。この状態でも、海洋プレートはどんどん沈み込んでいくので、海洋底の面積はだんだんと減っていき、大陸同士の間隔も狭まってくる。

6 大陸の衝突

海が完全に消滅すると、2つの大陸は衝突し、その圧力によって大陸地殻が盛り上がり、巨大な山脈ができる。

地球の気候を決めているもの

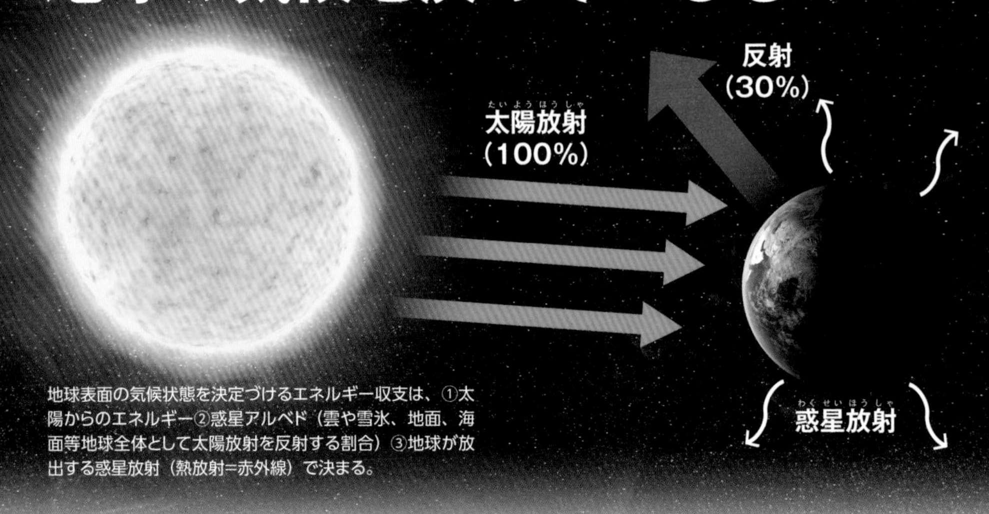

地球表面の気候状態を決定づけるエネルギー収支は、①太陽からのエネルギー②惑星アルベド（雲や雪氷、地面、海面等地球全体として太陽放射を反射する割合）③地球が放出する惑星放射（熱放射=赤外線）で決まる。

太陽からのエネルギーが重要

地球は誕生以来、地球内部の状態や大気と海の組成、そして気候状態にいたるまで、常に変化し続けてきた。例えば地球は、誕生直後は超高温環境だったと考えられている。しかし時を経るにつれて気温は下がり、比較的温暖な環境に落ち着いた。

地球環境の変化の大きな要素として「太陽からのエネルギー」「惑星アルベド」「温室効果」が挙げられる。

まず「太陽からのエネルギー」と「惑星アルベド」について説明する。地球の気温は、地球が受け取る太陽からの放射エネルギーと、地球が放出する熱放射のエネルギーのつりあいで決まる。地球の表面を温めているのは太陽の放射熱。その量は1m²あたり約1.4kWである。

しかし、この太陽エネルギーすべてが地球の表面を温めているわけではない。このうち、約30％を地表や雲等で反射しているので、残りの70％しかエネルギーを受け取っていないのだ。そしてこの、太陽エネルギーを反射する割合を惑星アルベドという。この割合が変わると、地球が受け取るエネルギー量が変化するので、地球の気候にも大きな影響を与えるというわけだ。

最後にもうひとつの要因である「温室効果」について説明しよう。太陽からの放射エネルギーは、大気を通過して直接地面を温める。そして、温まった地面から赤外線が放射される。このとき、赤外線は再び宇宙空間に逃げようとするのだが、それを途中で吸収するのが温室効果ガスである。例えば、二酸化炭素やメタンといったものだ。

温室効果ガスは地球環境を破壊するイメージが強いが、地球の歴史から見れば、地球を温暖な気候に保つ重要な役割を果たしてきた。つまり、地面から放出される赤外線を温室効果ガスがある程度吸収しているため、平均15℃程度の気温が保たれているのだ。地球に温室効果ガスがなければ、地球は全球凍結して平均気温はマイナス40℃にもなり、生物にとって危機的な状況になってしまう。

気候を安定させる炭素循環

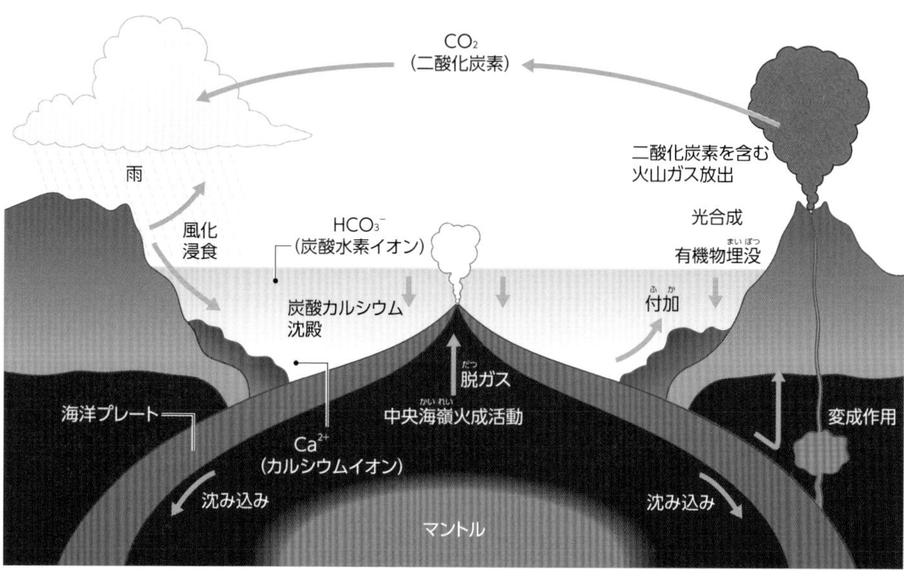

大気中の二酸化炭素は、長期的に見れば、火山活動によって供給されている。二酸化炭素は雨水等にとけて炭酸となり、地表の岩石をとかしていく。この風化反応を経て、二酸化炭素は主に堆積岩中の炭酸塩鉱物となる。また、二酸化炭素は生物の光合成によって有機物として固定される。このように、二酸化炭素がさまざまな形で供給・消費されるシステムを「炭素循環」という。※付加とは、海底堆積物の一部が大陸地殻にくっつくこと。

COLUMN 氷河時代とは何か?

地球史を通じて、温暖な気候と寒冷な気候が繰り返されてきた。寒冷な気候の時期には、大陸の広い面積を大陸氷河(氷床)が覆う氷河時代が訪れる。

高い山の山頂付近には山岳氷河がつくられることが知られているが、大陸氷河は地形の起伏に関係なく、大陸全体に氷河が広がっている状態を指している。そして大陸氷河が広がれば、その重さで地盤が大きく沈降したり、大気に影響を与えて周辺地域の気候をも変化させる。

現在の地球は、南極大陸やグリーンランドに大陸氷河が存在するので、氷河時代(における間氷期)に分類されている。人間から見れば、現代は温暖化が進んでおり暖かい時期に暮らしているように感じるが、地球の歴史から見れば寒冷な時代なのである。

南極大陸には新生代前半の4300万年前頃から大陸氷河が発達し、地球は氷河時代に入った。そして約260万年前の第四紀に入った頃から、北半球も寒冷化し、徐々に氷期と間氷期の繰り返しが明瞭になってきた。今からほんの1万年前までは、すでに絶滅したマンモスのような大型動物もいた。

全球凍結はなぜ起きたか？

悪循環が招いた寒冷化

最近の研究から、地球全体が凍りついてしまう「全球凍結」という超寒冷化イベントが起きていたことがわかってきた。

これまではどんなに寒冷になっても、赤道地域まで凍りつくことはないだろうと考えられていた。しかし、世界中に分布する約6億5000万年前の地層から、氷河の作用によってつくられた堆積物が発見されており、しかもその一部は、赤道地域でつくられたものであることが明らかになった。赤道地域での氷河性堆積物の発見は、地球にはかつて氷で覆われた"氷の惑星"の時代があったことを意味する。

この、「スノーボールアース（全球凍結）」仮説が、注目を集めている。かつて地球は、このような全球凍結を何度も繰り返してきたという可能性がでてきたのである。

地球の気温に大きな影響を与えているのは大気中の二酸化炭素の濃度だ。二酸化炭素が多くなれば温室効果も強くなって温暖化し、逆に少なくなれば、温室効果が弱くなって気温は下がっていく。

そして大気中の二酸化炭素濃度は一定でなく常に変動しているため、濃度が下がったときに氷河面積が拡大することで、全球凍結が生じる場合があるという。地表が氷河に覆われてしまうと、それによって太陽光が反射され、気温が下がっていくからだ。

それまで光を吸収していた場所が氷に覆われて、光を反射するようになると、地球が受け取る熱の総量が減っていく。すると、気温が下がり、氷の面積が増えていく。そして、氷で覆われている面積が増えると、惑星アルベド（太陽放射を反射する割合）がさらに増加する。

これによって、地球は過去に数度、全球を氷に覆われた全球凍結に至ったと考えられている。全球凍結状態になると、惑星アルベドが60％以上にもなり、太陽から受けるエネルギーは極端に低下してしまう。この時期の地球の平均気温は、マイナス40℃にまで低下するという。

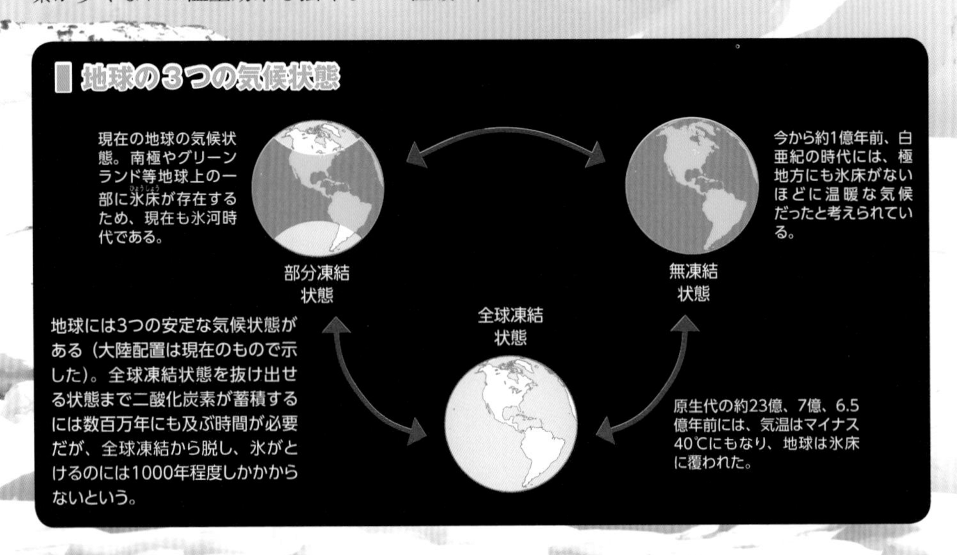

3回起きた全球凍結

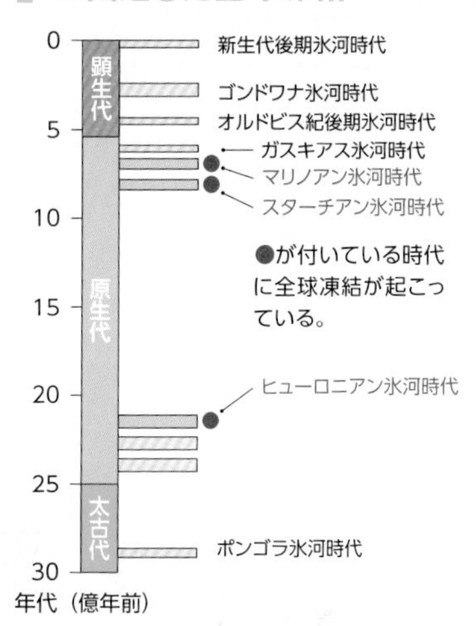

全球凍結を抜け出すには

氷河性堆積物をさらによく調べていくと、約6億5000万年前のマリノアン氷河時代、約7億年前のスターチアン氷河時代、約23億年前のヒューロニアン氷河時代の3つの時代で、全球凍結が起きた跡が発見された。つまり地球はこれまでに少なくとも3回は完全に凍っていた可能性が出てきたのだ。

いったん全球凍結状態に陥ると、生命活動もストップしてしまい、地球表面での光合成や風化反応が生じなくなる。

それでは、なぜ地球は、全球凍結になるたびに、その状態から脱出できたのだろうか？

その秘密を解くカギは、火山活動にあった。地表面が完全に凍結をしても、地球内部まで冷えてしまうわけではなく、火山活動は継続していた。

そして、火山噴火によって大気中に大量の二酸化炭素が蓄積すれば、やがてその温室効果によって、全球凍結状態から抜け出せるというのだ。これは、原生代後期の氷河性堆積物のすぐ上に、炭酸塩岩という、温暖な気候下でつくられる岩石が堆積していること等からも説明がつく。

ただし、全球凍結から抜け出すために必要な二酸化炭素濃度になるまでには、数百万年もの時間が必要になっただろうと考えられる。

赤道域にまで達した氷河性堆積物

原生代後期、マリノアン氷河時代（約6億5000万年前）の氷河性堆積物の分布図。当時の赤道域にまで大陸氷河が存在していた。

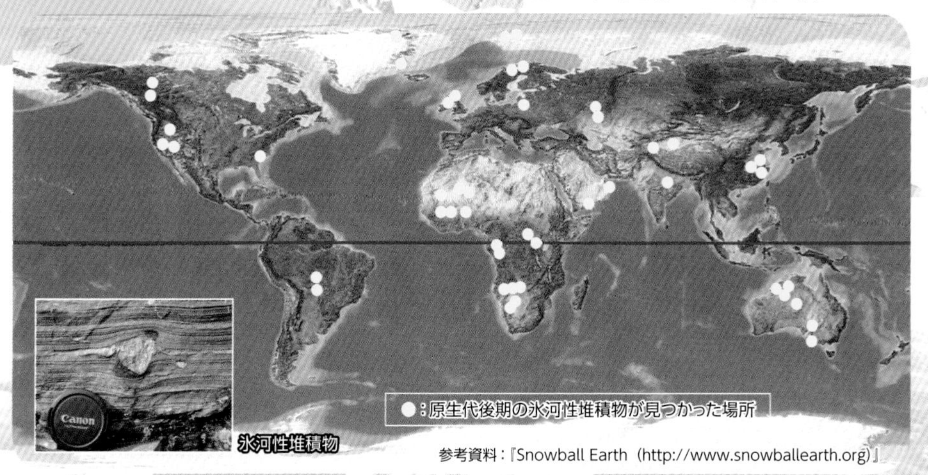

参考資料：『Snowball Earth（http://www.snowballearth.org）』

全球凍結でも生き残った生命

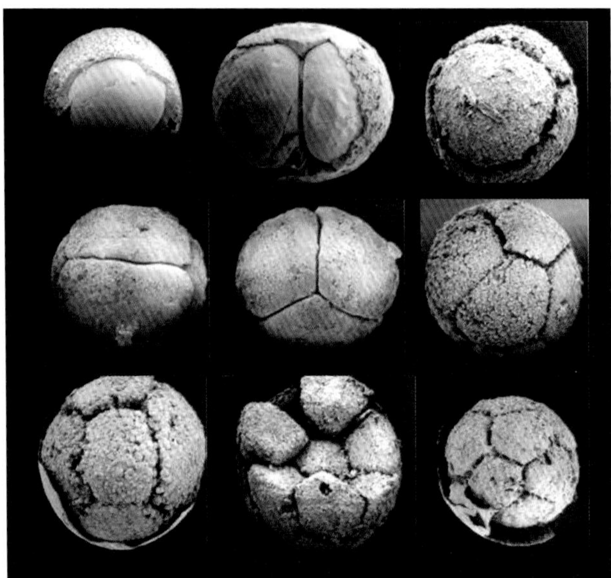

ドウシャンツオの胚化石

約6億年前にすでに多細胞動物が出現していた証拠として注目されているドウシャンツオの胚化石。これは、中国のドウシャンツオ層という、リン酸塩が厚く堆積している地層から発見されており、細胞が房状に集まった発生段階の胚（多細胞動物受精後に発生を始めた卵細胞や幼生物）の化石であることがわかる。
Shuhai Xiao at Virginia Tech

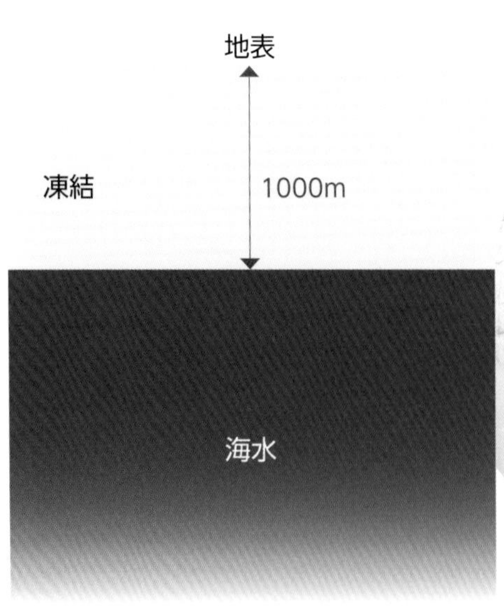

海洋は表層1000mが凍結するとそれ以上は厚くならない。とすると、氷の下には液体の水があったことになり、一部の生物はそこで生き延びたと考えられる。

液体の水があった？

全球凍結の約数百万年間は、大陸はおろか海も全面的に凍りつき、海と大気との物質の移動はなくなってしまう。原生代の初期と後期に合計3回は起こったとされる全球凍結では、生命の大規模な絶滅があったことは確かだろう。

地球表面が凍りつくということは、表面に水がなくなることを意味する。生命は水がなければ生きてはいけないので、ほとんどの生命は姿を消さざるを得ない。ただ、この頃の生物はまだ硬い骨格を獲得しておらず、化石として残りにくいため、このときの絶滅の規模がどの程度だったのかよくわからない。

しかし深海底や地中の奥深くまでは凍結していなかったため、そのあたりに暮らしていた生物は絶滅を免れて生活していたはずだ。ただし、原生代後期全球凍結を生き延びた生物について、大きな謎が残っている。それは、光合成藻類をはじめとする真核生物が、全球凍結を生き延びた事実だ。

光合成には太陽の光が欠かせないが、海の中で太陽の光が届くのは、せいぜい水深100mくらいまでである。しかし、全球凍結の時代は水深1000mくらいまでは凍ってしまっていた。これは、光合成藻類のような光合成生物が生きる環境下に液体の水がなかったことを意味する。水がないのに光合成生物が生き延びることができたのはなぜか—その答えはいまだに見つかっていないが、全球凍結している地表のどこかに液体の水が存在できる場所があったのだろうと推測されている。

全球凍結が生物進化を促した?

不思議なことに、全球凍結が起きた直後、生物は大きな進化を遂げているように見える。例えば原生代初期の全球凍結が終わった約20億年前には真核生物が出現し、原生代後期に起きた全球凍結後の約6億年前には多細胞動物が登場しているのだ。

この真核生物や多細胞動物の登場は、生命の歴史においても非常に大きな進化といえるものだ。なぜ、全球凍結の後にこのような大きな進化が起きたのだろうか。このヒントとなるのが、大気中の酸素濃度である。

全球凍結が終わった直後は、大気の酸素濃度が急激に高くなった時期と一致している。真核生物は、動物、植物、菌類、原生生物からなり、酸素呼吸や細胞膜の合成のために現在の100分の1以上の酸素濃度を必要とする。

また、多細胞動物は、大きな体を支えるためのコラーゲンの合成に酸素を用いており、激しい運動能力を支えるためにも、高濃度の酸素を必要とする。

つまり、全球凍結後に何らかの理由で大気中の酸素濃度が上昇したことが、生物の大進化を促したかもしれないのだ。

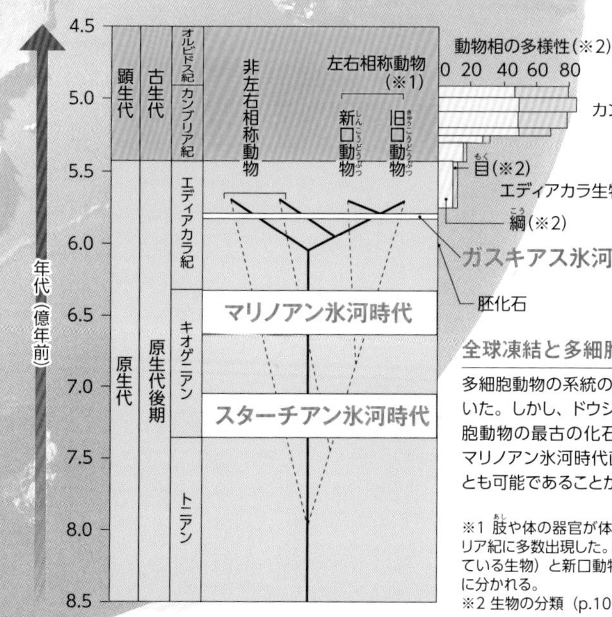

全球凍結と多細胞動物の出現

多細胞動物の系統の分岐年代は、破線のように考えられていた。しかし、ドウシャンツオ層で発見された胚化石が多細胞動物の最古の化石記録であることと矛盾しないように、マリノアン氷河時代直後に多細胞動物が出現したとすることも可能であることが示されている（実線）。

※1 肢や体の器官が体の中心から対称になっている動物。カンブリア紀に多数出現した。旧口動物（イカなど原口がそのまま口となっている生物）と新口動物（ウニなど原口が肛門になっている生物）に分かれる。
※2 生物の分類（p.100）

05 大酸化イベントと全球凍結

地球史最初の大型動物が誕生

ディッキンソニア。全長～100cm程度。消化器官や内部構造等が見られないことから、体の下面全体でエサを吸収する。現生生物とは類縁関係がないとする説と、初期の環形動物（ミミズやヒル）だとする説がある。（※）

エディアカラ生物群の想像イラスト。30以上の属が確認されているが、現生生物の遠い祖先なのかどうかはよくわかっていない。

現生の生物分類

ヒトを例に生物の階層的分類を行った。このように、生物学においては体系的に分類することができる。さらに分類単位が必要な場合は、大、上、亜、下、小等を階級につける。

- 界：動物界（Animalia）
  - 門：脊索動物（Chordata）
    - 綱：哺乳綱（Mammalia）
      - 目：サル目（Primates）
        - 科：ヒト科（Hominidae）
          - 属：ヒト属（Homo）
            - 種：ホモ・サピエンス（H.sapiens）

カナダのニューファンドランド島。オーストラリアのエディアカラヒルズで発見された大量のエディアカラ生物群と同様の化石が、この島でも多く発見されている。

地球史上初の巨大生物誕生

3度目の全球凍結から回復した約6億年前の地球には、たくさんの細胞が集まって1つの生命体をつくる多細胞動物が登場した。この年代の代表的な生物の群集は、オーストラリア南部に位置するエディアカラやカナダのニューファンドランド島等で発見された「エディアカラ生物群」である。

エディアカラ生物群は、地球史上、初めて登場した大型生物化石である。その形態は現在の生物とはかけ離れたもので、直接的なつながりはないものもあるが、その一部は海綿動物、刺胞動物等であろうと解釈されている。

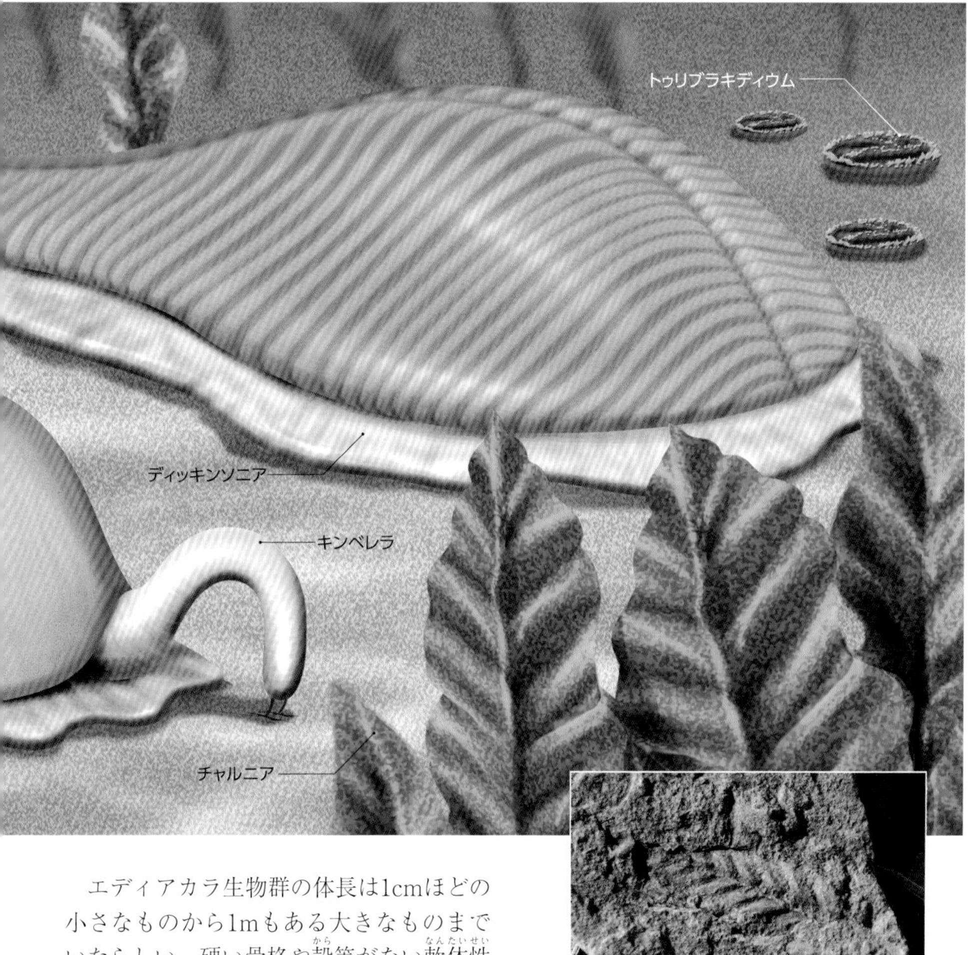

チャルニアの化石。左右対称の羽根の形をした葉状体を持つ。（※）

エディアカラ生物群の体長は1cmほどの小さなものから1mもある大きなものまでいたらしい。硬い骨格や殻等がない軟体性で、体内には消化器官のようなものは見られないことから、皮膚を通して体内と体外の物質を交換していたと推測されている。

軟体性のエディアカラ生物の体を支えていたのは、水にとけない繊維状のタンパク質であるコラーゲンだと考えられている。コラーゲンは、エディアカラ生物によって初めて大量につくられるようになったという。その結果、体も巨大化して1mにもおよぶ生物が現れるようになったのだ。

それではなぜ、この時期にコラーゲンがつくられるようになったのか？　その秘密は酸素にあった。この時代は全球凍結が終わって間もない頃であり、酸素が急激に増加した時期だ。コラーゲンをつくるためには高濃度の酸素が必要だったことから、結果的に酸素が増加したこの時代にエディアカラ生物群が登場したのだろう。

※ 写真提供：川上紳一教授

捕食、被食関係が生んだ生物の進化

エディアカラ生物群は、地球上に生息している現代の生物たちと直接的につながっているかどうかわからないが、生物の歴史上では大切な役割を果たしたと考えられている。多細胞動物の種類が爆発的に増えたのは、5億4200万年前のカンブリア紀になってからで、「カンブリア爆発」（p.106）と呼ばれる。それが可能だったのも、エディアカラ生物群がいたおかげかもしれない。

シクロメデューサ。同心円・放射状の構造を持つ。体長2.5〜30cm。(※)

自然界の生物には捕食と被食、つまり「食う―食われる」の関係がある。捕食者は被食者を食べるために有効な攻撃力を獲得するように進化し、被食者は捕食者に食べられないようにするために、防衛能力が増すように進化していく。すなわち捕食者の攻撃力が上がれば、被食者は防衛能力を高めていき、捕食者はそれをさらに上回る能力を身につけるというように、どちらも生き残るために、それぞれの能力を高めていくのだ。

トゥリブラキディウム。円盤状の生物で、体長は約5cm。(※)

カンブリア爆発は、被食者が身を守るために硬い殻を手に入れたことによって起こったと考えられている。一方エディアカラ生物は、体を守る硬組織を持たず、海底の堆積物等を食べていたため、食う―食われる関係はなかったと見られているが、その説に疑問を呈する声もあり、議論の途中である。

また、エディアカラ生物群は、動物群や植物群ではない独自の分類に属する絶滅種という意見もあり、この頃の生物が全て後のカンブリア爆発につながったとはいえないが、地球上初の多細胞動物の登場が、その下準備になった可能性は十分ある。

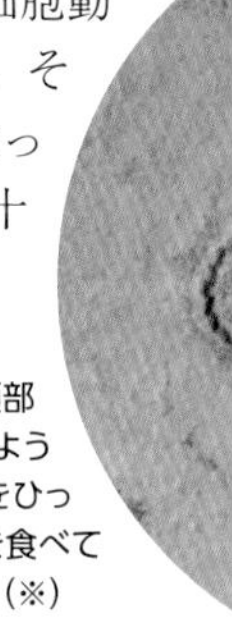

キンベレラ。頭部の長い触手のような器官で海底をひっかき、堆積物を食べていたとされる。(※)

生存競争のための進化

捕食者は食べるための攻撃機能を進化させ、逆に被食者は生き残るための防御機能を進化させていく。

スプリッギナ。はっきりとした頭部と尾端をもつ。体が40程度の体節に分かれている。体長約5cm。(※)

※ 写真提供：川上紳一教授

COLUMN 化石が教えてくれること

化石の種類

体化石	動物の殻や骨格、花粉や胞子等、体の全体もしくは一部の化石のこと。
生痕化石	動物の巣穴（すあな）や足跡、植物の根系（こんけい）が残した空間等、生物が生活していた痕跡のこと。
化学化石	分子化石ともいう。DNAや炭化水素といった生物起源の有機物等が化石となったもの。

生物が死んでしまうと体は腐敗（ふはい）し、そのままの形は残らないが、生物そのものやその活動の痕跡（こんせき）が、化石として残っている場合がある。この化石を使って、過去にどのような生物がいたのかを知り、生物進化の歴史が調べられている。

その種類を大別すると、生物の骨や歯、殻といった硬い部分や植物等が残っている体化石（たいかせき）、足跡や過去の生物の活動の痕跡を残した生痕化石（せいこんかせき）、生物をつくっていた有機物が残っている化学化石（かがくかせき）の3種類がある。

過去の地層から体化石や生痕化石が発見されると、生物の大きさ、形態、生活ぶり等の情報を読み取ることができる。それらの情報から、時代、生物の種類、生活環境について推測していく。

化石のでき方

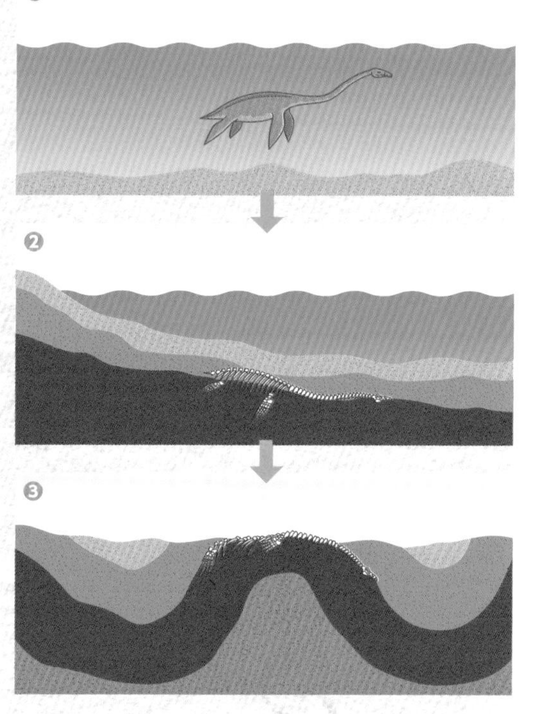

❶海底で生物が生活している。
❷生物が死んで海底や池の底に横たわり、肉が他の生物に食べられたり分解され、骨や貝殻だけが残る。この上に泥や砂等が堆積し、やがて砂は砂岩（さがん）に、泥は泥岩（でいがん）になり、生物は化石になる。
❸地層が厚く積もり、その重みで化石と地層は硬くなる。そのうち、地層が曲がり、海の地層が陸に隆起（りゅうき）し、陸上で地層が削られて化石が発見される。

原生代～古生代初期の大陸

分裂を繰り返す大陸

原生代の約20億年の間に、大陸は分裂を繰り返していた。約19億年前に誕生したヌーナ（p.93）の後も、コロンビア大陸など、いくつかの超大陸が形成されたようだが、研究者の間で意見は一致していない。

約11億年前には超大陸ロディニアが誕生するが、その3億年後にはこれも分裂を始める。原生代後期には、下に示したような大陸配置になり、パンサラッサ海が誕生した。この間、2回の全球凍結イベントが生じ、地球は氷に閉ざされた世界となり、生物の大絶滅と大進化が繰り返され、エディアカラ生物群の繁栄につながっていった。

その約1億3000万年後のカンブリア紀後期には、北半球のほとんどをパンサラッサ海が覆い、ローレンシア大陸は赤道をまたぐ位置に移動。古代ローレンシア大陸の一部だったカナダのバージェス頁岩地域は、カンブリア爆発の舞台にふさわしい、温暖な環境だったに違いない。

原生代（約6億5000万年前）

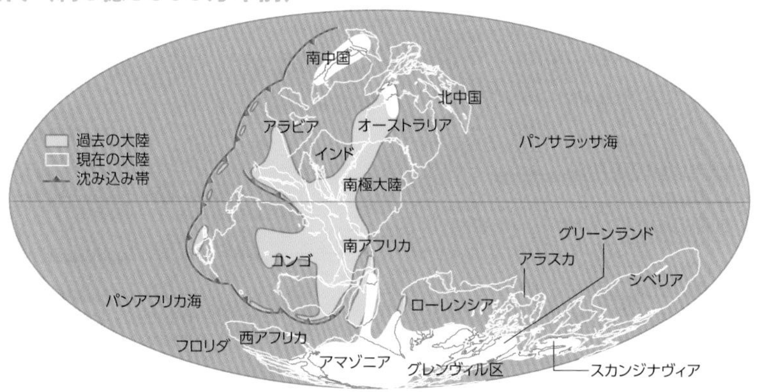

カンブリア紀（約5億1400万年前）

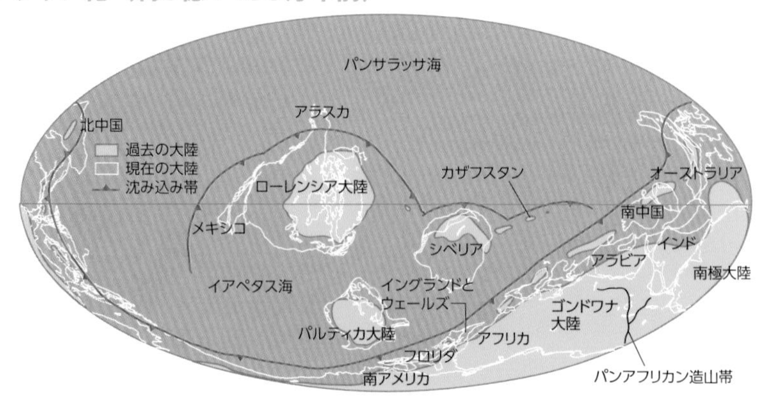

第2部

現在までの地球

06 カンブリア爆発と生物の多様化

動物が大進化を遂げた時代

古生代・カンブリア紀になると、地球上にさまざまな生き物が登場する。彼らは硬い殻を持ち、非常にユニークな姿をした動物だった——。このように動物が突如多様化を始めたこの一大イベントを「カンブリア爆発」という。

ピカイア

体長約4cm。体の先端に1対の触角がある。

ウィワクシア

体長3～5cm。上から見ると楕円形で、上面には2列の長いトゲのようなものがあった。

アイシュアイア

体長は最大約6cm。カイメンと一緒に化石が発見されることが多い。

マルレラ
体長約2cm。海底を遊泳していたらしい。バージェス頁岩で最も多く化石が見つかっている。

カンブリア爆発とは何か？

短期間で一気に増えた動物種

今から5億4200万年ほど前、原生代から顕生代のカンブリア紀に入ると、動物種の数が一気に増え、爆発的な多様化が進んだ。これが「カンブリア爆発」と呼ばれる出来事だ。数百万〜1500万年という、生命の歴史からするとほんの一瞬で、現存する動物の門がすべて登場したと考えられている。

ちなみに、顕生代とは生物の存在や活動が顕著にみられるようになった時代のことで、現在まで続いている。動物種が増えたカンブリア爆発は、顕生代の幕開けを告げる大イベントだったのだ。

カンブリア紀に動物の爆発的な多様化が生じたことが明らかになったのは、カナダ

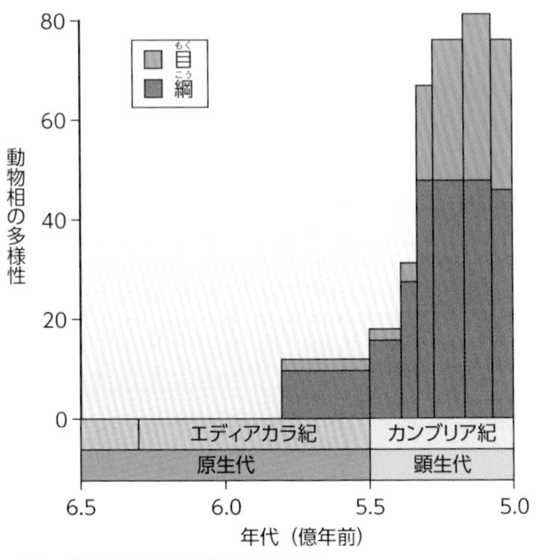

カンブリア紀の多様な動物相

原生代末期にエディアカラ生物群が出現し、カンブリア紀になって一気に動物の種類が増えていることがわかる。

カンブリアモンスター化石紹介

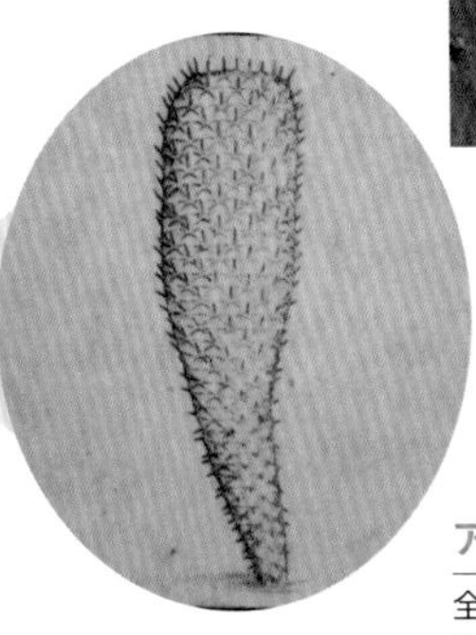

チャンセロリア

非常に多くの硬い皮で覆われており、小さなトゲが生えている。数cmから最大10cm程度で、海底面で固着生活を送っていたと思われる。（※）

アノマロカリス

全長60cmほどで、大きいものは1mにもなる。頭部に眼が2つあり、その前方には1対の附属肢がのびている。8つの体節に分かれており、各体節には側方フラップがあり、尾部には複数の上向き扇状のフラップが並んでいる。（※）

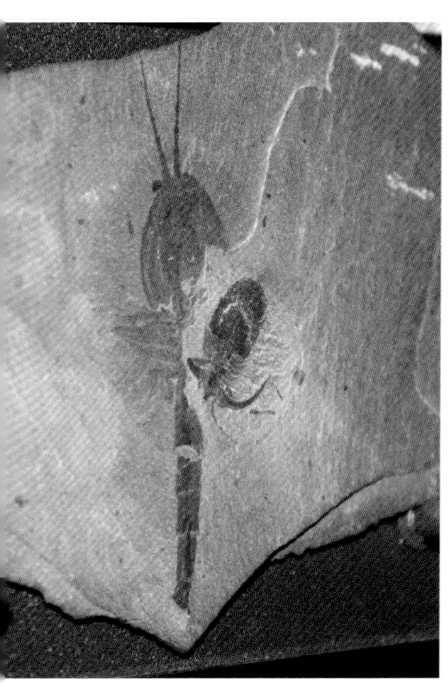

ワプティア

全長7cmほど。バージェス動物群の1つで、体の前方は兜のような硬い殻で覆われていた。また、後ろには長い尾っぽがついており、これを操縦して泳いでいたと考えられている。(※)

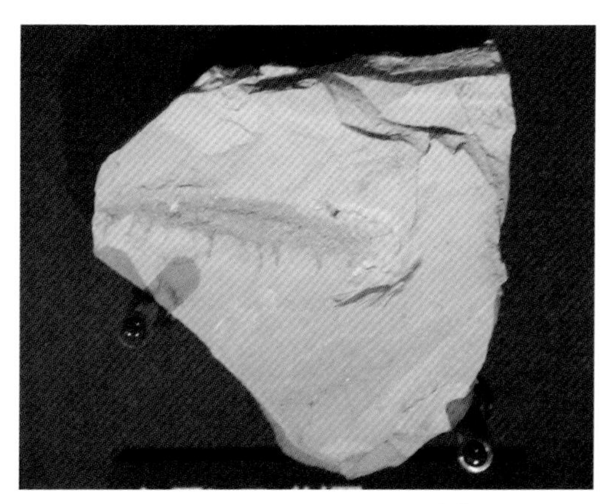

レアンコイリア

全長6.8cmほど。節足動物で眼の代わりに頭の先端に1対の触角があり、それを使ってエサを探したり、危険物を察知したりしていたと考えられている。海底の泥に含まれる有機物を食べていたと思われる。(※)

のブリティッシュコロンビア州において、バージェス頁岩動物群化石が発見されたことによる。この動物群の化石には、昆虫のような外骨格、長く飛び出た眼、鋭い口、剣のようなトゲ等、奇妙な形の動物の痕跡が数多く残っていた。アメリカの古生物学者スティーヴン・グールドが、著書『ワンダフル・ライフ』でバージェス頁岩動物群のことを「奇妙奇天烈動物群」と名づけたことからも、いかに当時の動物が個性的な外見をしていたかがわかる。

バージェス頁岩動物群はただ奇妙な形をしているだけでなく、現在の動物と共通する特徴がいくつもあった。したがって、これらは現在の動物の祖先に近い動物であったと考えられている。

硬い組織が複雑な構造をつくる

カンブリア爆発で登場した動物の最大の特徴は、恐らく外敵から身を守るために、殻や外骨格等の硬い組織を持つようになったことである。これらの生物がどのように登場したのかは不明な点が多いが、カンブリア紀初期の地層から発見されている1mmにも満たない微小硬骨格化石群がその最初期のものとされ、炭酸塩、リン酸塩、シリカの3種類の鉱物を材料にして硬い殻や骨格をつくるようになった。これらの硬い組織は現生の生物たちにも使われている。例えば、二枚貝の貝殻やサンゴの骨格には炭酸塩、ヒトの骨にはリン酸塩、カイメンのトゲにはシリカがそれぞれ使われている。

微小硬骨格化石群として残されている化石からは、その全体像を想像できないものが多い。しかし、中には軟体部分の痕跡を含めた全身の化石もあり、イメージ像が復元されている。いずれにせよこの時代に硬い組織を持つ種が誕生したことで、顕生代において動物界はより複雑で多様になったのだ。

(※)国立科学博物館収蔵

カンブリアモンスター化石紹介

フキシアンヒュイア

大きなもので11cmほど。節足動物であるという意見が多いが、クモやサソリなどの鋏角亜門に分類されるという意見もある。31程度の節があり、胸部の節1つに対して2～4本の肢がついている。また頭部には1対の環状の触角がある。（※）

エルドニア

直径10cmほど。円盤状の生物で、内部にコイル状の消化管がある。一見するとクラゲのように見えるが、棘皮動物もしくは刺胞動物に近いと考えられている。（※）

イソキシス

全長4.5cmほど。中国雲南省澄江から産出した節足動物。2枚の半円形の甲皮を持っており、この甲皮の間に体を自由に曲げられるよう体節のある体があったと考えられている。（※）

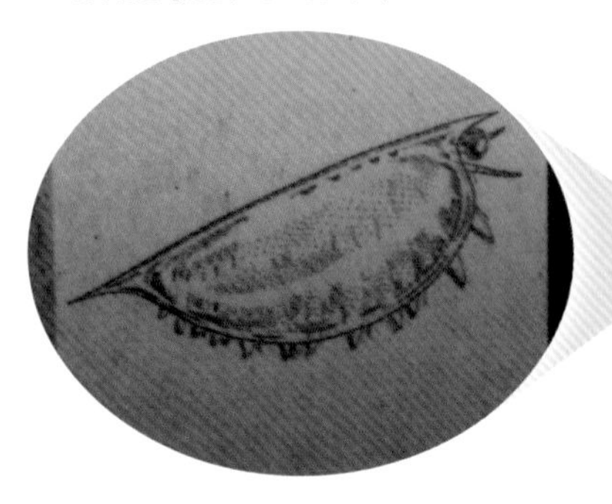

（※）国立科学博物館収蔵

COLUMN カンブリア爆発のカギは「眼」にある？

カンブリア紀の生物には、硬い組織の他にもう1つ特徴があった。それは「眼」である。カンブリア爆発の最初期に出現した三葉虫（さんようちゅう）の眼を調べてみると、現代の動物の複眼（ふくがん）と変わらない、高度な機能が備わっていた。

個々の小さなレンズは動かせないのだが、数を増やすことで広い視野を確保していた。しかも中央部分と周辺の焦点（しょうてん）距離が異なる“多重焦点型（たじゅうしょうてんがた）”の三葉虫がいた可能性もあり、遠くの敵を警戒することと、近くの獲物や地形を正確に把握することが同時にできたと考えられる。

このような眼を持つ動物は、生存競争の中で有利な立場に立ったことだろう。襲う側から見れば獲物の位置や弱点が正確にわかり、襲われる側からすれば敵の接近をいち早く知ることでき、逃げ場所をすばやく探せるからだ。

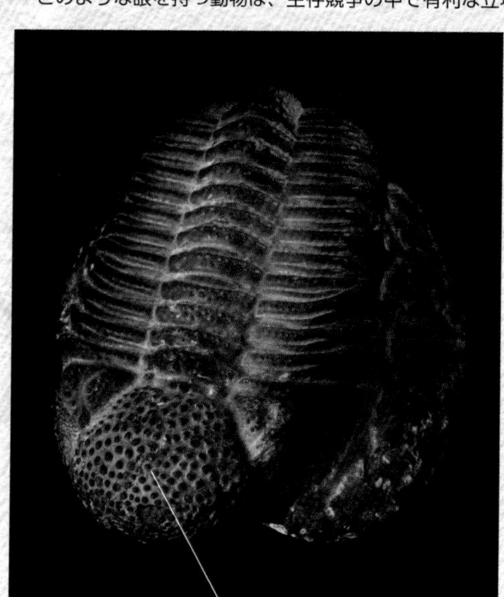

しかも眼の進化は、生物の多様化に拍車をかけた。例えばカンブリア紀にはトゲを持っていた生物がいた。トゲで武装することは防御力や攻撃力が増すという実質的な効果もあるが、それ以上に視覚的な効果が大きかったのではないかと考えられている。つまり、トゲは「自分を襲ったらケガをするぞ」という視覚的アピールとなり、捕食者（ほしょくしゃ）に襲われるというリスク低下の効果があるのだ。捕食者が眼を持っていなければ、このようなアピールは無意味になる。

このことに着目した古生物学者のアンドリュー・パーカー博士は、1998年に「カンブリア爆発において硬組織（こうそしき）を持った動物が出現したきっかけは眼にある」とする眼の誕生説（光スイッチ説）を提唱した。

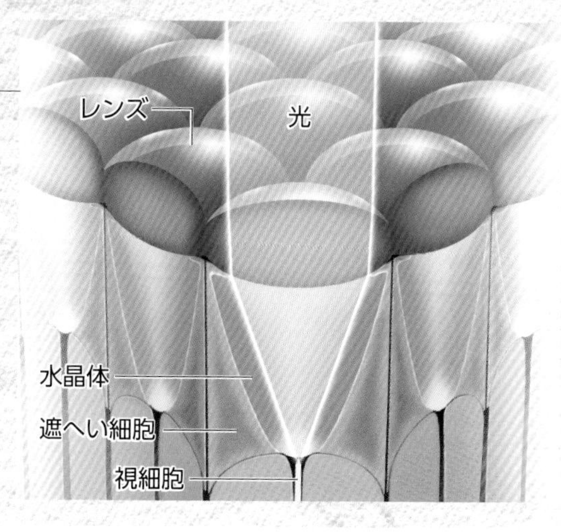

眼の想像図

レンズで光を集めた後に水晶体（すいしょうたい）で視（し）細胞（さいぼう）に送り、視細胞で光を神経信号に変える構造。現生（げんせい）の節足動物の細胞部分等から想像した。ちなみに水晶体同士の間には遮（しゃ）へい細胞があり、隣からの光が漏れないような構造になっている。

節足動物が登場

ウミサソリ

ウミサソリ「プテリゴトゥス」の想像イラスト。ウミサソリはシルル紀を代表する節足動物で、体長は2m前後のものもいたという。足は遊泳用の他、獲物を捕らえるのにも使っていた。

生態系の最初の覇者

カンブリア爆発によって多様な動物が誕生したが、最初にその頂点に立ったのが節足動物だった。

節足動物は硬い殻の外骨格に覆われている。硬い殻を持つことはその分、防御能力が上がることを意味しているが、実はそれだけではない。硬い殻の中に筋肉を発達させることで、正確で力強い動作ができるようになるのだ。そして結果、魚類が大型化するまでの約1億年にわたる繁栄につながった。

この時期に登場した節足動物は多種多様で、全長2mm以下の生物から、1mほどの体長を持ったアノマロカリス類まで、多くの生物がいた。

動物界の覇権争いを振り返ってみると、体の巨大化が覇権を握る大きな要因となっている。そういう観点で見ても、アノマロカリスのように巨大化した節足動物はカンブリア紀の覇者となりえたのである。

カンブリア紀に続くオルドビス紀では、節足動物類の中で三葉虫が目立って拡散した。その後のシルル紀では、体長2mを超

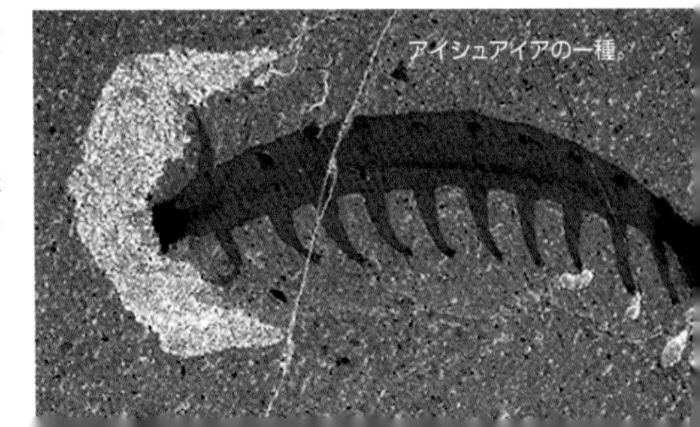

アイシュアイアの一種。

えるものもいたウミサソリが覇権を握る等、主役となる生物の入れ替わりはあったものの、引き続き節足動物の繁栄が続いた。

現在、地球上で最も繁栄している動物は節足動物であるが、いったいなぜだろうか。それは、節足動物が早熟多産だったからだと考えられている。節足動物は脊椎動物よりも寿命が短いので、世代交代のサイクルが早くなる。その分、遺伝子の変化を蓄積するスピードも速くなるので、環境の変化にすばやく適応できたのではないかという説もある。

ウミサソリ「ユーリプテルス」の化石。パドル状の足を使って泳いでいたと考えられている。

COLUMN 三葉虫の進化

「三葉虫」は節足動物で、真上から見たときに殻が体軸部をはさんで左、中、右の3つに分かれていることからその名がつけられている。

体長は数～数十cmで、石灰質でできた硬い外骨格の殻を持つのが大きな特徴だ。この強固な外骨格のおかげで高い防御能力を持っていた。三葉虫類は“化石の王様”とも呼ばれているほど多様な化石が見つかっており、その数は1万数千種にもなるという。その三葉虫はオルドビス紀に入って、扁平な体が立体構造を持つように変化した。ここには地球環境の変化が影響していると見られている。また、外敵から身を守るという役割もあったかもしれない。三葉虫はそれぞれの環境に適応していった結果、たくさんの種類に分かれていったと考えられるのだ。

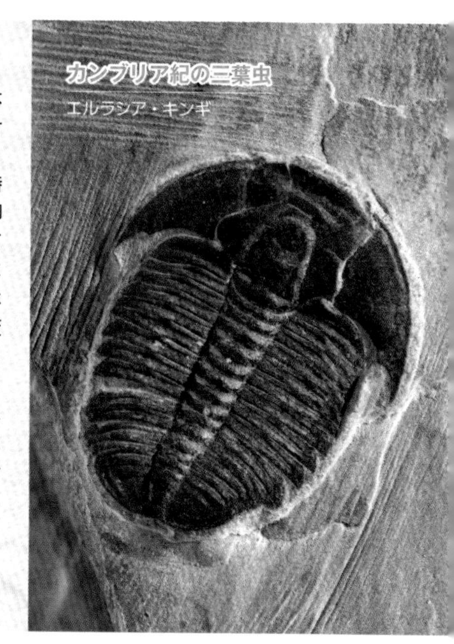

カンブリア紀の三葉虫
エルラシア・キンギ

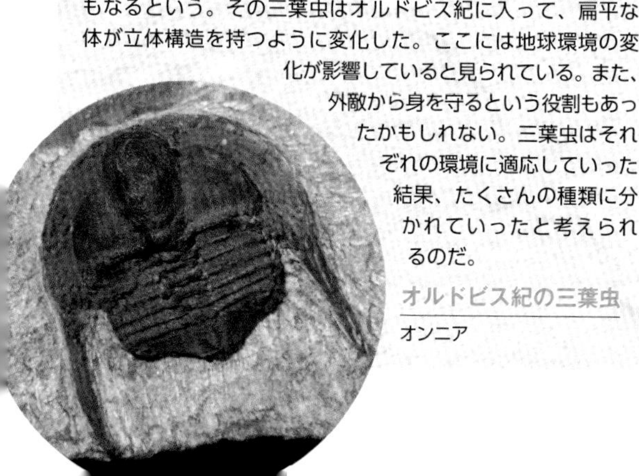

オルドビス紀の三葉虫
オンニア

植物の陸上進出

光を求めて陸へ上がる

生命が地球上に誕生したのは約40億年前といわれるが、それから長い間、生命活動は主に海の中だけで行われた。それが今から約4億7500万年前のオルドビス紀前期に一大事件が起きた。植物が陸上に進出したのだ。

そのときに上陸したのはコケの仲間だったと考えられている。現在知られている最古の陸上植物は、約4億2500万年前の地層から発見されたクックソニアであるが、それよりも少なくとも5000万年前から、植物の上陸は始まっていたらしい。

これらは、光合成を行う緑色植物である。より効率よく光を求めていくうちに、植物はしだいに水中から浅瀬へと向かい、陸へと上がったのだろうと考えられている。

古生代シルル紀後期の、クックソニア属の一種の化石。
写真提供：福井県立恐竜博物館

コケ植物は現存の陸上植物の中で最も起源が古い。

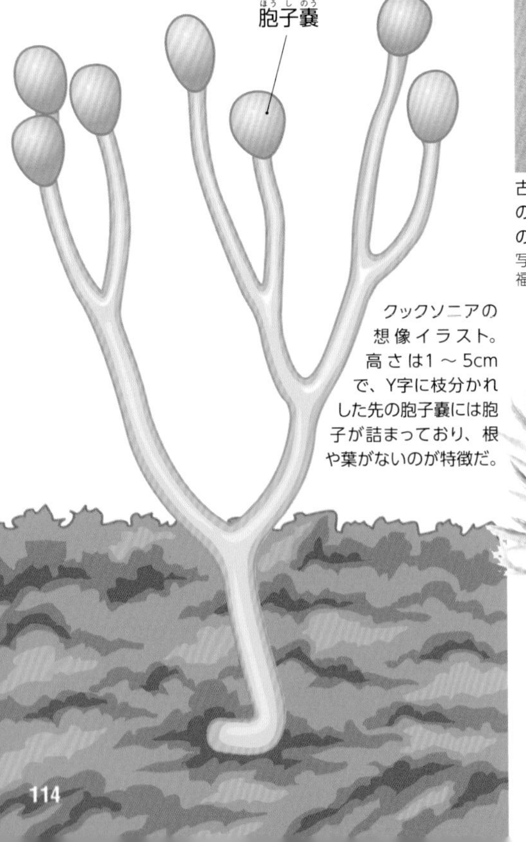

クックソニアの想像イラスト。高さは1～5cmで、Y字に枝分かれした先の胞子嚢には胞子が詰まっており、根や葉がないのが特徴だ。

シャジク藻類のコレオケーテ。最初に上陸した植物は、DNA解析の結果、淡水性のシャジク藻類の仲間に近いとわかった。
写真提供：広島大学 嶋村正樹氏

生物が陸に上がるためには乾燥に耐え、重力に対抗できるだけの強い体を持つ必要がある。実際、陸上植物の細胞壁には、水生植物では見ることのできないリグニンという物質が含まれている。このリグニンがあるおかげで、維管束（水分や養分の通路）による、水分の輸送が可能となった。また、リグニンによって細胞壁が強くなり、重力に対抗して自分の体を立たせることができるようになった。

初期の陸上植物は水辺を離れることはなかったが、しだいに乾燥に適応するようになり、内陸へと生存領域を広げていき、大森林をつくっていった。そして、大森林の出現によって、大気中の酸素も増え、動物の陸上進出へとつながったのだった。

魚類時代の到来

海洋の支配者となった魚類

魚類の起源は古く、近年、中国の澄江で魚類の化石が発見されたことで、カンブリア爆発の時点にまで遡ることになった。ただ、カンブリア紀に登場した魚類は体も小さく、弱々しい存在だった。しかも現在のようにあごがなかったので、食べ物は海底の泥の中の有機物等に限られ、同時期に登場した節足動物の脇で小型動物として生活していた。

しかし約4億1600万年前のデボン紀には、あごを持った魚類が一般的となった。デボン紀以前にいた魚は、現生のヤツメウナギのように、あごのない無顎類やヒレにトゲを持った棘魚類だった。

魚類に繁栄をもたらすきっかけをつくったのが、デボン紀に繁栄した板皮類だった。板皮類は頭部や胸びれのつけ根に厚い骨の板がついており、甲冑をつけているように見えるため「甲冑魚」ともいわれている。板皮類が生存競争に勝利した大きな要因はあごを獲得したことだった。これで力強くかむことができるようになり、他の動物を簡単に捕食することが可能になったのだ。あごの起源については、エラから進化した説、口の中の軟骨が変化した説等見解が分かれており、まだはっきりとしていない。

デボン紀の海では、板皮類が圧倒的に強かった。体も大きく、全長6mを超えると

ダンクルオステウス

デボン紀の海で注目すべき板皮類で、全長6～10mにも及ぶ。現生の大型の「ホホジロザメ」とほぼ等しい、古生代最大級の水中動物で、積極的に捕食していた。

魚類の進化

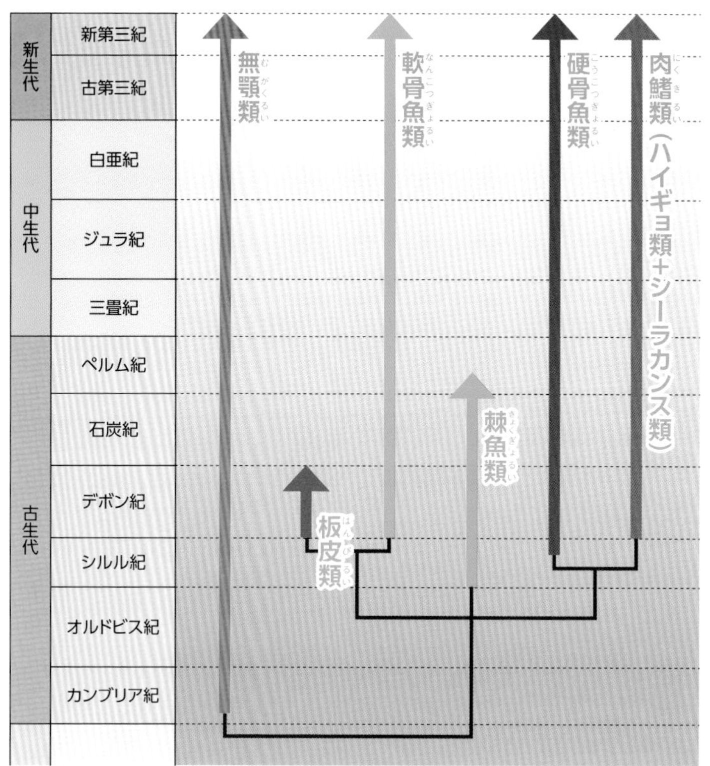

デボン紀にあごを持った魚類が地球史上初めて登場し、多数の魚類の化石が発見されていることから、デボン紀は「魚類の時代」と呼ばれている。なお、板皮類は、デボン紀後期に起こった大量絶滅（p.127）によってほとんどが絶滅したのではないかと考えられている。

無顎類：軟骨質で、頭骨の発達が不完全。口は上下のあごがなく、円形で吸着性がある。

板皮類：あごを持った最初の脊椎動物で、胴体は甲冑のように頑丈な骨板で覆われていた。

棘魚類：あごを持ち、ヒレの前方に骨ばった大型のとげがある。

軟骨魚類：骨格が軟骨から構成される魚類。現生ではサメやエイ等がこれにあたる。

硬骨魚類：骨格の大部分が硬骨から構成される。

肉鰭類：肉質のひれを持ち、現生ではハイギョ類とシーラカンス類のみ。

推定される頭部化石も産出している。しかし、デボン紀の終わり頃になると、軟骨魚類が力をつけ始め、板皮類は次第に姿を消してしまう。軟骨魚類は現在も海洋生態系で捕食者の地位にあるサメの仲間だ。当時の「クラドセラケ」というサメは、現在のサメと同じように獲物をとらえるのに最適な流線型の体を備えていたという。この時点で、生態系の上位にいたようだ。

その後、軟骨魚類に変わって海の王者となったのは硬骨魚類である。硬骨魚類は海だけでなく、川、湖沼、池等、地球上のあらゆる水域に入りこんでいった。現在、サメやエイ類を除くほとんどすべての魚類は、この硬骨魚類に分類される。

あごの発達

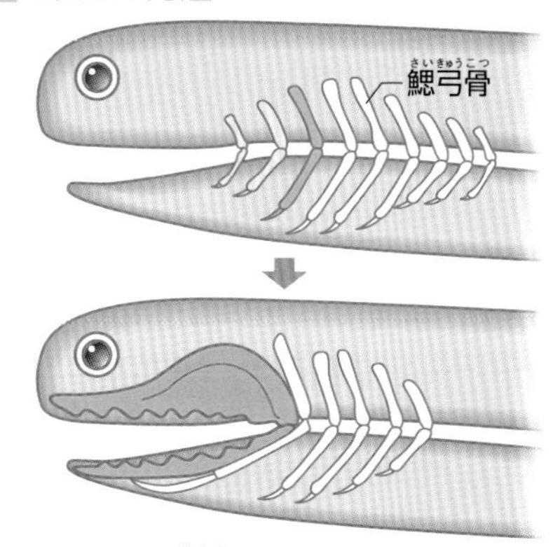

あごのない魚の咽頭部両側に、エラを支える弓状の骨・鰓弓骨が対に並んでいたが、このうち前方の鰓弓骨が前に張り出していき、1組の鰓弓骨が発達して顎骨となったという説がある。

動物の陸上進出

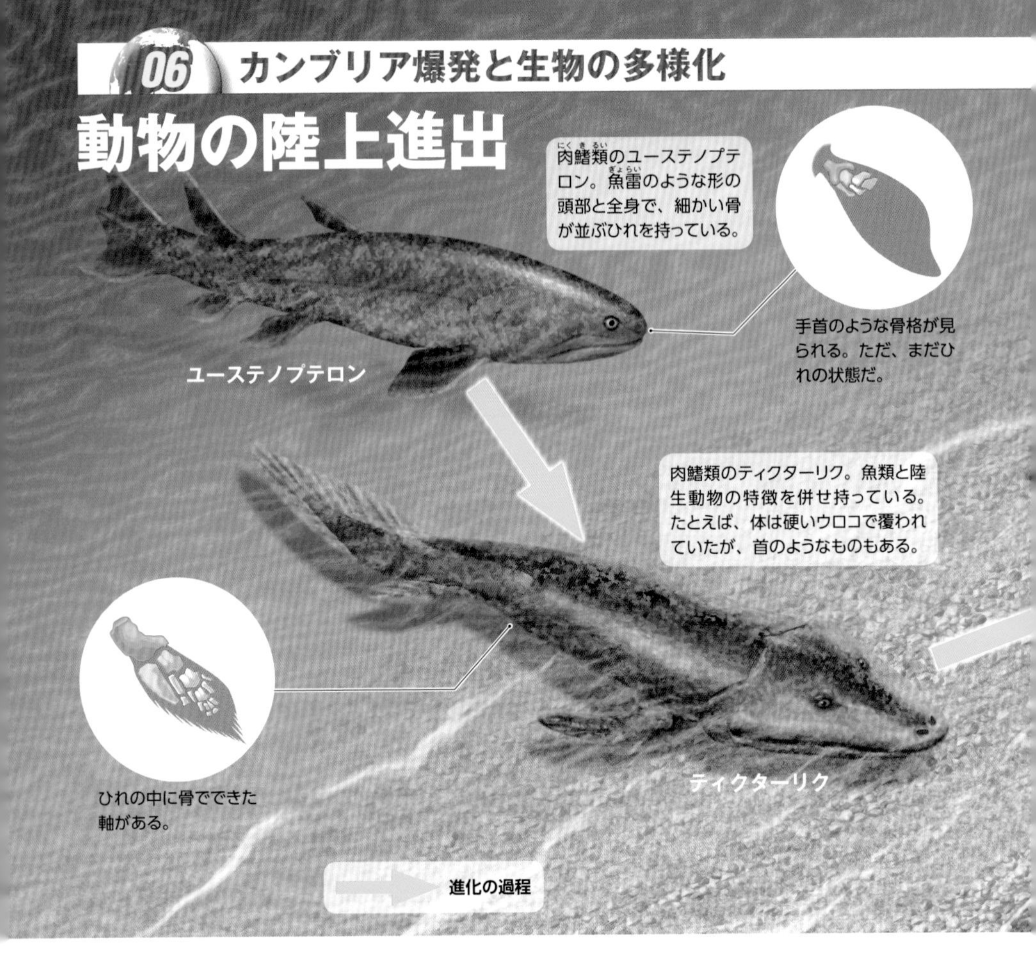

ひれから足をつくり、歩きはじめた

植物が陸上に進出してから約1億年後、脊椎動物が生活の舞台を水中から陸上に移しはじめた。脊椎動物が慣れ親しんだ海を離れ、陸へ上がった理由は、はっきりとはわかっていない。ただ「海の生態系が混み合ってきた」「強い魚に追い出されてしまった」「エサとなる昆虫を求めた」等いくつか説がある。決定的な証拠は見つかっていないが、一部の魚たちが何回も試行錯誤を繰り返した末に、上陸を果たしたと思われる。

デボン紀から石炭紀へ移り変わる頃に、最初の両生類が現れた。水中で生活していた魚類の中から、どのようにして両生類が誕生していったのだろうか？　そのカギを握るのが足だ。水中では浮力がかかり、地球の重力を相殺していたため、自分の体を支えることをあまり考えなくてもよかったが、陸の上では重力を受け止め、体を支える足が必要になってくる。魚類が陸上生活に適応するためには、ひれを足に変えていかなければいけなかったというわけだ。

肉鰭類と呼ばれるグループには、魚類から両生類に変化する兆候がはっきりと見られる。このグループはしっかりとした骨を軸とし、そのまわりに筋肉がついたひれをもっていた。例えば「ユーステノプテロン」は、胸びれ、腹びれのつけ根にある3本の

骨が四足動物の上腕骨等に似ており、骨の数も同じだった。同じく肉鰭類の「ティクターリク」は、陸上動物の手首のような可動性の骨を持っていた。

また、ひれが足に変化した最も古い動物の1つとして「アカントステガ」が挙げられる。アカントステガは4本の足とオールのような尾びれをもち、肺呼吸をしていた。ただし、足はあっても、まだ体を支えられるほどのものではなかったので、主な生活の場所は水中であったと考えられている。

両生類として陸上生活に適応したと考えられているのは「イクチオステガ」である。足の骨はがっしりとして体を支えられるようになり、指の骨もできてきた。さらに、頭部の骨の形が変わり、首や肩の区別ができるようになる等、陸上動物の特徴がいくつも見られる。このように、脊椎動物は陸に上がっていき、重力をより強く感じることで骨格を変化させ、陸上生活に適応していったのである。

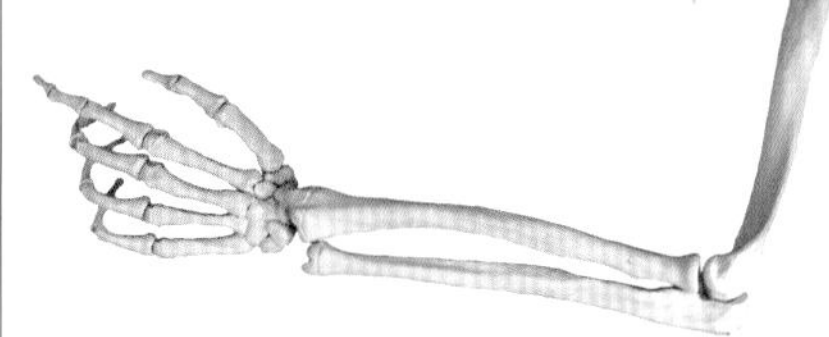

5本指の手

両生類による陸上生活への適応・進化は、ヒトを含む多くの脊椎動物の基本形である手につながっていった。

酸素濃度が現在の1.5倍以上に!

大森林と昆虫の楽園

石炭紀に入ると、北半球のローレンシア大陸と南半球のゴンドワナ大陸が衝突し、超大陸パンゲアを形成するようになる。そしてこの時期から、陸地には大森林が登場する。現在確認されている最古の木はデボン紀後期に登場したとされる「アーケオプテリス」というシダの仲間である。この頃の木は、シダの仲間が巨大化したもので、湿地で育つリンボク類等が多かったという。リンボク類は水や養分を運ぶ「維管束」と呼ばれる組織を持ち、直径2m、高さ20mほどの巨大な木に成長した。

大森林の中では脊椎動物より一足先に上陸した節足動物が昆虫として進化し、昆虫の楽園をつくっていたと考えられている。

昆虫は初めて羽を獲得した動物だ。すなわち、昆虫は陸上だけでなく、空にまで進出していった。また、石炭紀には酸素濃度が35%にまで上昇したことがわかっているが、その影響で、昆虫の巨大化が生じたことが知られている。例えばトンボの仲間「メガネウラ」は体長75cm、ムカデのような節足動物「アースロプレウラ」は体長2～3mもあったという。

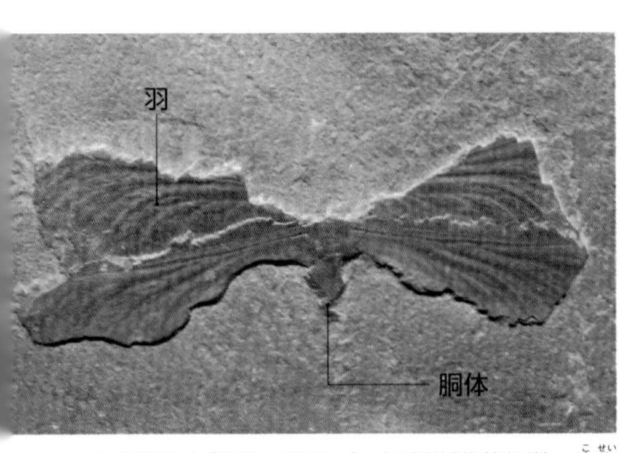

昆虫類のメガネウラの化石（国立科学博物館収蔵）。古生代石炭紀に栄えたトンボ近縁の昆虫で、羽を広げると75cmほどになるものもいたという。

約3億年前の酸素濃度の変動

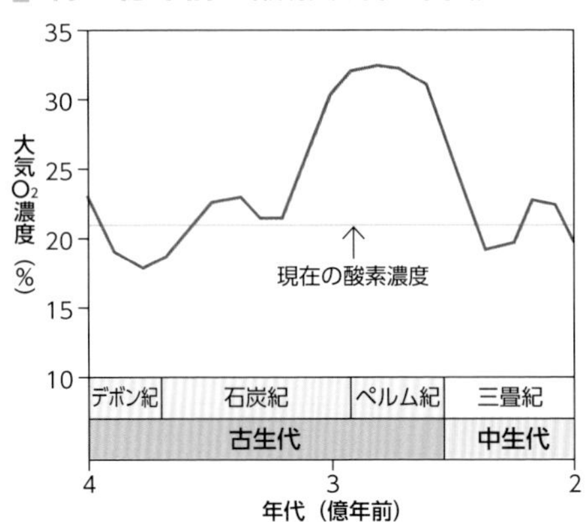

石炭紀後期になると大気中の酸素濃度が35%程度まで上昇していた。これは、現在の酸素濃度21%の1.5倍以上にもなる数値だ。なおこのグラフはエール大学のバーナー教授による推定結果。
[Berner , R. A. (2006) Geocimica et Cosmochimica Acta, 70, 5653-5664.]に基づく

陸上植物の出現は、地球環境に大きな変化をもたらした。陸上では風や水の作用によって岩石が細かく砕かれる風化が起こる。その結果、地表はレゴリスと呼ばれる堆積層に覆われる。陸上植物がそこに根を張り、生物の死がいや腐食によって有機物や微生物が含まれるようになることで、土壌が形成されるようになった。

土壌は、スポンジが水を吸収するように雨水等をためやすい性質がある。その結果、二酸化炭素をとかしこんだ雨と、土壌の中に含まれている鉱物が反応して、鉱物が溶解される化学風化が効率的に生じるようになり、低温でも二酸化炭素がたくさん消費されるようになった。この結果、大気中の二酸化炭素濃度が大幅に低下し、気候の寒冷化が進み、約3億3300万年前にゴンドワ

アーケオプテリス

アルカエオプテリスとも書く。シダの仲間で、最古の木といわれている。カナダやアメリカ等から化石が発見されている。

ナ氷河時代が生じたと考えられている。

ゴンドワナ氷河時代が生じたのは、土壌の影響の他に、もう1つの原因が考えられている。それは湿地の上にできた大森林だ。樹木や葉が枯れると、湿地の中に埋もれていく。湿地は水分が豊富なので、よどんだ水によって酸素が遮断される。さらに、陸上植物が独自につくりだしたリグニン等の有機化合物は、微生物によって分解されにくかったため、枯木や枯葉は分解されずに、湿地に埋没したまま有機物として残っていく。これが後に石炭となった。有機物が分解されないということは、分解によって発生するはずだった二酸化炭素が大気中に放出されないことを意味する。このような影響もあり、石炭紀後期には、大気中の二酸化炭素濃度が低下して、氷河時代の到来を招いたとされている。

ペルム紀に繁栄した哺乳類型爬虫類

大陸内部に進出した爬虫類

古生代・石炭紀後期には酸素濃度が異常に上昇したが、ペルム紀に入り、酸素濃度は段々と低下していった。大気中の酸素濃度が低下すると、動物たちには大きな影響が生じたことが予想される。

この時代、動物の主役は爬虫類に移ってきた。陸上で卵を乾燥から守り保護する羊膜を持った「羊膜卵」を獲得したことによって、産卵のたびに河川や湖沼へわざわざ戻る必要がなくなり、生息範囲を大陸内部に拡大していったのだった。

爬虫類は、石炭紀初期に登場した「無弓類」にはじまり、「単弓類」「双弓類」等が登場していった。単弓類は哺乳類の祖先にあたる動物で、哺乳類型爬虫類とも呼ばれる。双弓類は恐竜、ワニ類、トカゲ類、ヘビ類の祖先にあたるものだ。

大陸内部にまで進出した爬虫類は、陸上生活により適応するように自身の体を変化させていった。例えば、脊椎動物は魚類を祖先に持つ動物なので、陸上に進出した当時は、4本の脚は胴体の横側から出て、地面にはいつくばるような姿勢になっていた。そのため、歩いたり走ったりすると、胴

ペルム紀における酸素濃度の変動

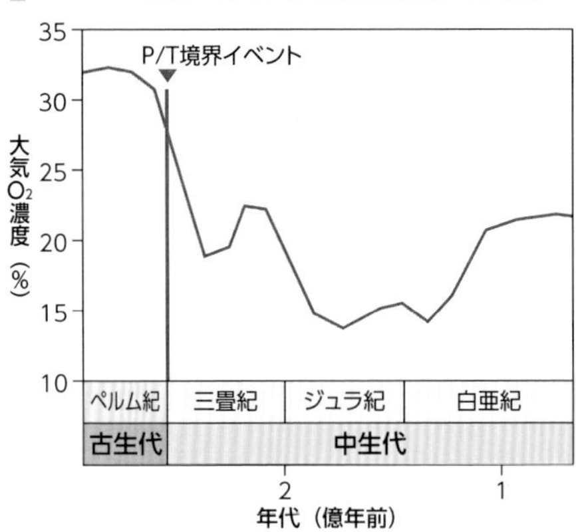

石炭紀後期に異常に酸素濃度が上昇した後、ペルム紀以降は低下していっていることがわかる。
[Berner , R. A. (2006) Geocimica et Cosmochimica Acta, 70, 5653-5664.] に基づく

ペルム紀初期の生態系においては、爬虫類の他にも、例えばエリオプスといった両生類が、最上位の捕食者だった。

体がねじれ、肺が圧迫されてしまうため、走りながら呼吸をすることができなかった。その結果、動きはゆっくりになる。この身体的な問題を解決したのが単弓類だ。脚を胴体の下に来るように進化させたことによって、肺への圧迫を軽減させたのだ。単弓類の系統はその後、恐竜のグループ・竜盤類や、やがて哺乳類を生み出す系統の獣弓類へ続いていく。また、重い頭部の骨を軽量化するために、単弓類や双弓類は、頭部に穴があくようになった。双弓類も後に恐竜へとつながっていく動物たちだが、ペルム紀の間は多様化も巨大化もせず、小さなトカゲに似た姿のままであった。

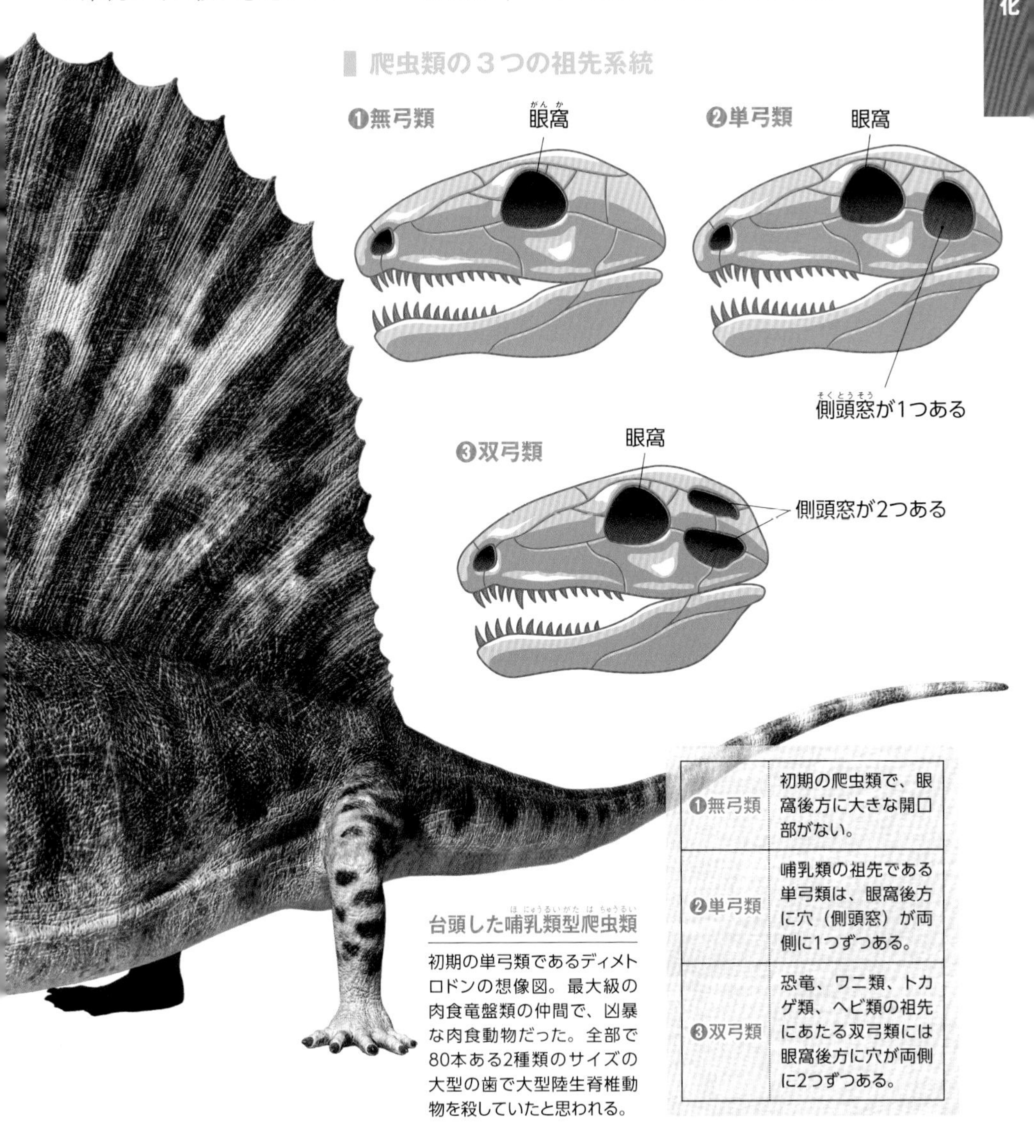

❶無弓類	初期の爬虫類で、眼窩後方に大きな開口部がない。
❷単弓類	哺乳類の祖先である単弓類は、眼窩後方に穴（側頭窓）が両側に1つずつある。
❸双弓類	恐竜、ワニ類、トカゲ類、ヘビ類の祖先にあたる双弓類には眼窩後方に穴が両側に2つずつある。

台頭した哺乳類型爬虫類

初期の単弓類であるディメトロドンの想像図。最大級の肉食竜盤類の仲間で、凶暴な肉食動物だった。全部で80本ある2種類のサイズの大型の歯で大型陸生脊椎動物を殺していたと思われる。

07 史上最大の大量絶滅

生物の種の90%以上が地球から姿を消した――

およそ2億5000万年前、何らかの原因で、地球上の生物の大多数が絶滅してしまった。ペルム紀（Permian）と三畳紀（Triassic）の境目の時期に起こったこの出来事を「P/T境界イベント」と呼ぶ。

地球のあちこちで巨大な噴火が起こり、マグマの柱ができていたかもしれない。

海の中で固着生活をしていた生物や低緯度の動物種が特に数多く姿を消している傾向がある。

P/T境界イベント後の三畳紀初頭に姿を現したリストロサウルス。この祖先は、p.122で紹介した単弓類(たんきゅうるい)で、この絶滅イベントを乗り切り進化していったと考えられている。

大量絶滅とは何か?

過去に5回起きた大量絶滅

地球上の生物種は、環境に適応するように進化する一方で、適応できずに絶滅するものもある。しかし、ときには地球環境の劇的変化についていけず、多くの生物種が同時に姿を消す場合がある。それが大量絶滅である。

過去5億4200万年間の顕生代において、大量絶滅は計5回認識されている。1回目は今から約4億4000万年前のオルドビス紀末に起きた。氷河の発達と後退に伴う海面の低下及び上昇の結果、浅瀬の海底に暮らす

古生代石炭紀のマクロクリヌス・ムンデュルスの化石。アメリカのインディアナ州で発掘されたもの。ウミユリの仲間だ。
写真提供：福井県立恐竜博物館

ワーゲノフィルムの化石。サンゴの仲間で古生代ペルム紀末に絶滅した。
写真提供：福井県立恐竜博物館

アンモナイトの化石。古生代型アンモナイトはP/T境界あたりで絶滅したが、その後も生き続けた属もいた。しかしその後、K/Pg境界で完全に姿を消した。

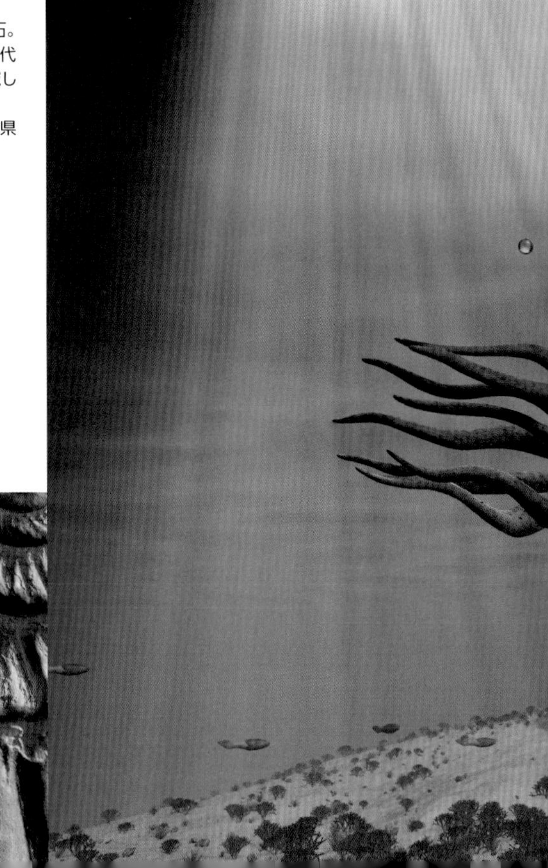

生物の多様性の変化

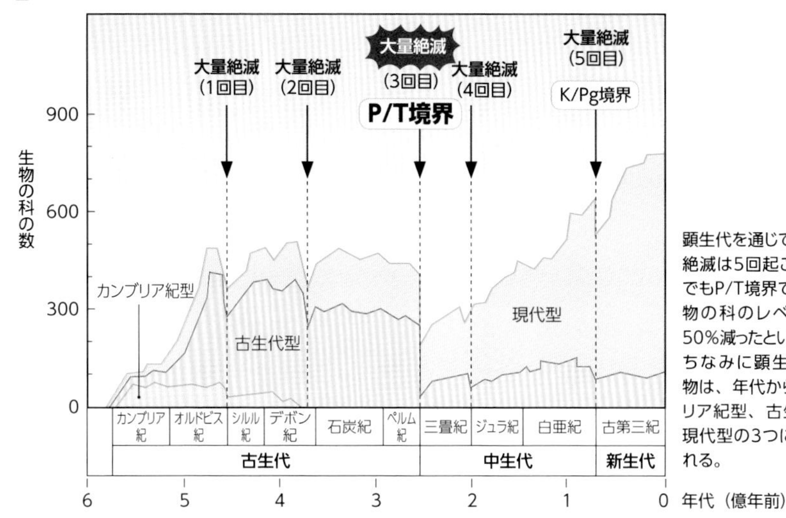

顕生代を通じて、大量絶滅は5回起こり、中でもP/T境界では、生物の科のレベルで約50％減ったといわれる。ちなみに顕生代の生物は、年代からカンブリア紀型、古生代型、現代型の3つに分けられる。

アンモナイトが海中を泳いでいる想像図。約4億年前に出現したアンモナイトは、多産で群れを成して生きていたといわれる。殻の形状や大きさが多様で、地層の年代を推定するのによく活用される。

三葉虫、腕足類、コケムシ類、造礁サンゴ等の多くが滅びてしまった。

2回目は約3億7000万年前のデボン紀後期。海水中の酸素濃度が低下する海洋無酸素イベントが起こったことが知られており、多くの海生生物が絶滅している。

そして3回目の大量絶滅が起きたのが約2億5000万年前のペルム紀と三畳紀の間で、ペルム紀と三畳紀の頭文字を取って「P/T境界」といわれる。この大量絶滅は5回の中でも最大で、海洋生物種の90％、陸上生物の70％以上が姿を消したと見積もられている。この時期には、シベリアで大規模な火成活動が生じた他、最大規模の海洋無酸素イベントが発生したことが知られている。

4回目の大量絶滅は、約2億1000万年前の三畳紀とジュラ紀の境界（T/J境界）で起こっている。そして、5回目は約6550万年前の白亜紀と古第三紀の境界（K/Pg境界）で生じた大量絶滅である（p.150）。陸上生物の覇権を握っていた恐竜はこのときに絶滅している。

絶滅の原因はプルームによる大噴火!?

スーパープルームと海洋無酸素イベント

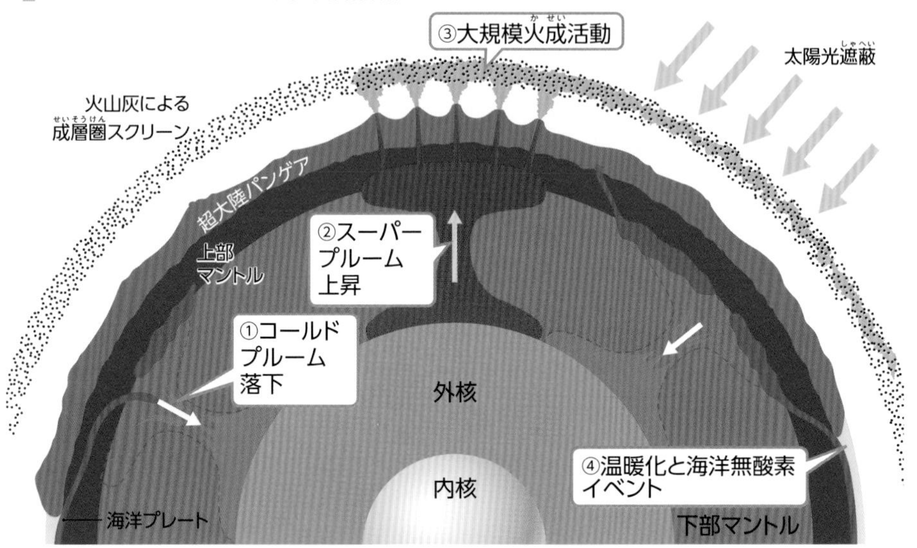

❶コールドプルーム落下
超大陸の周囲で海洋プレートの沈み込みが起き、巨大なコールドプルームが形成される。

▼

❷スーパープルーム上昇
コールドプルームに押し出されるように、スーパープルームが発生する。

▼

❸大規模火成活動
スーパープルームが地表に到達し、大量の溶岩が噴出する。

▼

❹温暖化と海洋無酸素イベント
激しい火山活動によって、放出された火山灰やエアロゾルで太陽光が遮断され、地上の植物たちの光合成停止が起きたかもしれない。また、火山ガスに含まれていた大量の二酸化炭素によって地球が温暖化し、海底のメタンハイドレートが大量に分解し、海洋無酸素イベントが引き起こされた。多くの生物種が酸素欠乏によって絶滅した可能性がある。

地球内部の活動と大量絶滅

地球上の生命は、過去5億4200万年の間に5回の大量絶滅を経験している。大量絶滅の直接的な原因は小惑星衝突や海洋無酸素イベントと関係しているようだが、後者には、地球内部の活動が密接に関係しているらしい。

例えば、地球史上最大の絶滅となったP/T境界の大量絶滅では、その原因を遡っていくと超大陸パンゲアに行きつく。この超大陸は約2億5000万年前までにいくつもの大陸がぶつかりあってできたものだ。広大な大陸の周囲には、大陸プレートと海洋プレートの境界ができ、冷たく重たい海洋プレートが沈み込んでいた。

沈み込んだ海洋プレートは、コールドプルームとなってマントルの底に沈んでいくが、沈み込む流れができれば、それとバランスを取るように、マントル中を上昇する流れであるホットプルームが形成される。P/T境界においては、直径1000kmにもおよぶ巨大なホットプルーム「スーパープルー

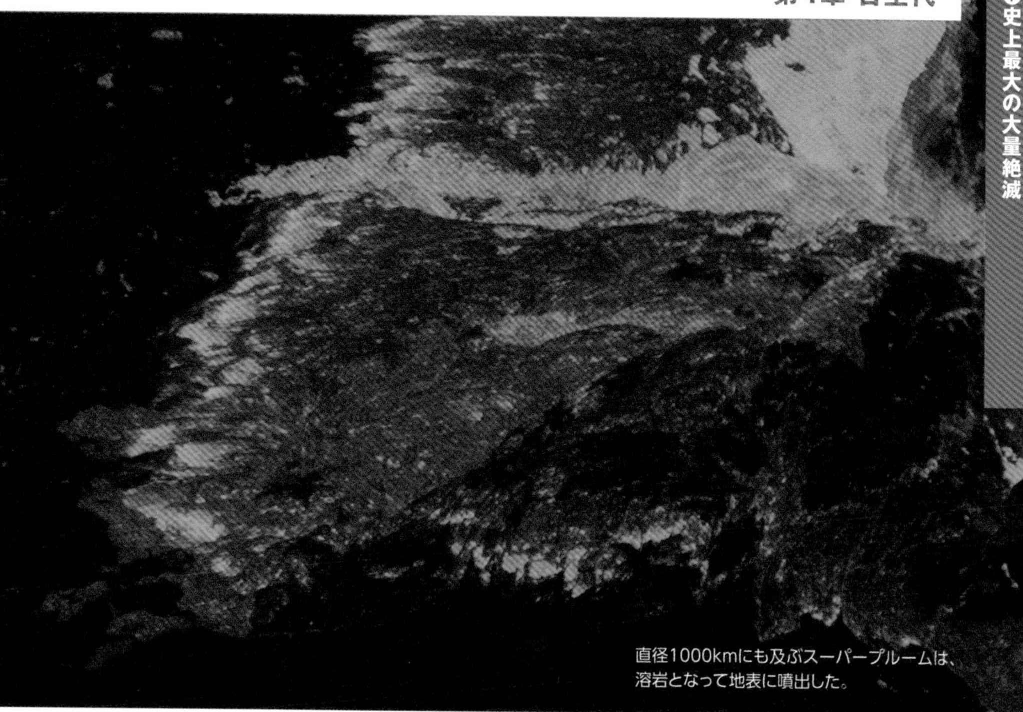
直径1000kmにも及ぶスーパープルームは、溶岩となって地表に噴出した。

ム」が形成されたと考えられている。この巨大なプルームがパンゲアの東部に直撃し、大量の溶岩を噴出して、大陸を分裂させる原動力となったのだ。

その結果、大量の火山灰やエアロゾル（気体の中に浮遊する微粒子（びりゅうし））が大気中に放出されて、太陽光が遮（さえぎ）られた可能性も指摘されている。また、火山ガス中の二酸化炭素が大気中に蓄積し、その温室効果で温暖化が引き起こされたと考えられている。温暖化によって、海底のメタンハイドレート（メタンを含む氷）が分解して大量のメタンが放出され、海洋無酸素イベントが生じた可能性も高い。

こうした一連の出来事によって、生物の大量絶滅が引き起こされたのではないかと考えられている。

超大陸パンゲア

約2億5000万年前にローレンシア大陸や、バルチカ大陸等が次々と衝突することで形成された超大陸パンゲア。「パンゲア」とは「すべての大陸」というギリシア語で、ウェゲナーが命名した。

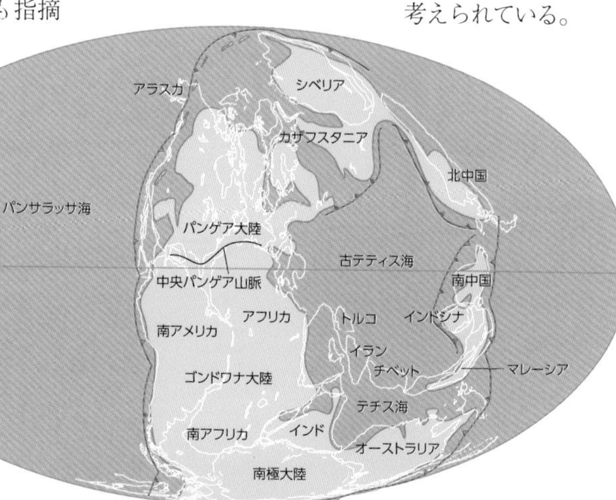

シベリアに残る巨大噴火の爪痕

幾重にも重なる水平の線は、溶岩が何度も流れては固まってできたもの。

P/T境界イベントはシベリアから?

北極圏から北緯50度のバイカル湖付近まで広がる中央シベリア高原の台地を、玄武岩という岩石が覆っている。

これは、通常の火山活動とはまったく異なる大規模火成活動によって噴出した大量の溶岩が固まったもので、「シベリア洪水玄武岩」と呼ばれている。

ある調査によると、この岩石の形成年代が、P/T境界の約2億5000万年前に非常に近いことがわかってきた。つまり、シベリアで起こった巨大噴火が、P/T境界イベントの引き金になったのではないかというのだ。

このときの火山活動がどのくらい続いたのかはわかっていないが、400万km^3もの膨大な溶岩が流れ出し、シベリア全土を覆ったらしい。噴出した溶岩は、粘性が低いために、噴火口からまるで洪水のように広がっ

約2.5億年前に中央シベリア高原を中心に巨大噴火が起こり、洪水玄武岩層が形成されたとする調査もある。

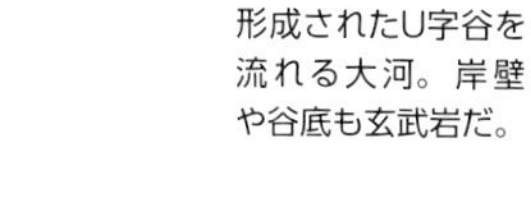

かつて氷河によって形成されたU字谷を流れる大河。岸壁や谷底も玄武岩だ。

Topics

メタンハイドレートとは?

メタンが水分子に囲まれた構造を持った、氷状の結晶体である。石油や石炭に比べ、燃焼したときの二酸化炭素排出量が少ないため、新エネルギー源として注目される。温度が低く、圧力の高いところでしか固体の状態をとどめておけないため、水深500m以下の海底や、永久凍土の地下にしか存在しない。海水温度が上がると、メタンがとけ出し大気中に放出され、それがさらなる温暖化を招くとする説もある。

ていった。1つの割れ目から始まった噴火は、シベリア全体に広がったと考えられている。

同時に大量の二酸化炭素が大気中に放たれ、急激な温暖化をもたらした可能性もある。

また、この温暖化によって海水の温度も上昇し、海底に眠っていたメタンハイドレートがとけたらしい証拠がある。そのため、二酸化炭素よりも強い温室効果ガスであるメタンが大量に大気中に放出され、さらに温暖化を加速させたのではないかと考えられている。P/T境界の地層の分析から、現在の総埋蔵量の約30%に相当する量のメタンハイドレートが分解したとする見積もりもある。

この超温暖化により、海洋無酸素イベントが発生し、陸上はもとより、海洋でも多くの生物が生息できなくなり、大量絶滅が起こったのだろう。

恐竜時代の到来

地球上を制覇した最強の生物

P/T境界における大量絶滅後、生命は途絶えたかに思えたが、三畳紀後期になると、大型爬虫類・恐竜が登場する。彼らは多様に進化し、生態系の頂点にのぼりつめた。実に1億数千万年もの間地球上に君臨した恐竜は、なぜここまで繁栄できたのだろうか。

白亜紀後期をイメージした。恐竜の多様化が進み、モクレンの仲間など、顕花植物（花を咲かせる植物）も登場した。

パラサウロロフス

白亜紀の鳥脚類。植物食で、頭に管状のトサカがある。

初期の哺乳類

白亜紀にいた初期のほ乳類・エオマイア。ネズミほどの大きさで、胎盤を持っていた。「黎明期の母」とも呼ばれる。

木性シダ

シダやソテツは、三畳紀から多様化した。

冥王代	太古代	原生代	顕生代

古生代	中生代	新生代

カンブリア紀	オルドビス紀	シルル紀	デボン紀	石炭紀	ペルム紀	三畳紀	ジュラ紀	白亜紀

《Chronological table

ケツァルコアトルス

翼幅12mほどの翼竜類で、史上最大の飛行動物と考えられる。獰猛な捕食者で、恐竜やその他の脊椎動物を食べていたらしい。

南洋杉

ティラノサウルス

白亜紀の獣脚類。肉食動物だが、活動的な捕食者だったのか、死肉を食べていたのかは議論が分かれている。

トリケラトプス

白亜紀の鳥脚類。大きな首の飾り（フリル）と、額に2本の角、鼻には短い角があった。ティラノサウルスに噛まれた痕を残す標本もある。

初期の花（モクレンの仲間）

大量絶滅後、三畳紀の世界

一気に入れ替わった生物たち

P/T境界イベントは、古生代と中生代の区切りとなる出来事で、姿を消した生物たちと入れ替わるように、新しい生物たちが次々と登場してきたが、どのくらいの時間をかけ、どうやって陸や海の環境が回復してきたのかはよくわかっていない。

海の中では、腕足動物（2枚の殻を持つ無脊椎動物）の大半や三葉虫が姿を消し、代わりに現在まで続く、二枚貝類や、イシサンゴ類（造礁サンゴの大部分が含まれる）が現れた。

さらに、アンモナイトとオウムガイの新種が一気に増え、活発な捕食者になっていった。特にアンモナイトは、存在したすべての種のうち、3分の1もが三畳紀に登場している。

三畳紀に現れた動物たちは、それまで存在していた古生代の動物たちと比べて、外見も行動もまったく違うものだった。そしてこのような変化をもたらした原因が、「低酸素」という環境だったと考えられている。

スイスのティチーノ州南部にあるサン・ジョルジョ山。水生の爬虫類やアンモナイト類等の貴重な化石群発掘で注目を集めた。

地上では、P/T境界を乗り越えた祖先から進化したと考えられるリストロサウルス等の単弓類（p.122）が世界中で繁栄したが、徐々に恐竜のような大型の生物に取って代わられたらしい。他にも、さまざまな爬虫類、初期の哺乳類等、いろいろな生物が現れて、次の生物界の覇権を狙っていた。

その中でも特に勢力を増したのが、竜盤類と鳥盤類に分かれた爬虫類・恐竜（p.140）である。彼らは三畳紀半ばごろから多様化し、ジュラ紀には覇権を握るようになったのだった。

三畳紀初期の大陸配置

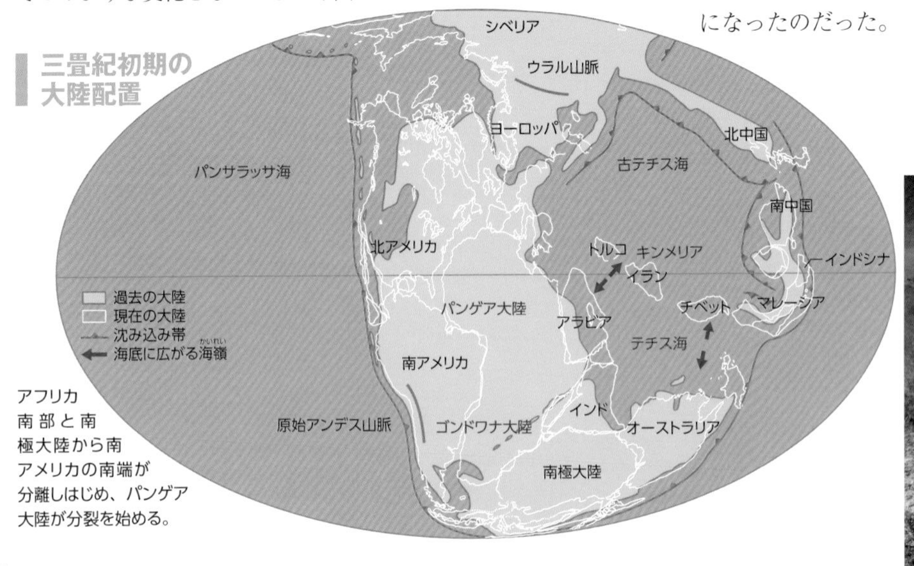

アフリカ南部と南極大陸から南アメリカの南端が分離しはじめ、パンゲア大陸が分裂を始める。

アンモナイトは、古生代から中生代白亜紀まで海洋で繁栄した。三畳紀の主流なアンモナイトであるセラタイトは、三畳紀終期には絶滅した。

ほとんどのアンモナイトは三畳紀末期に絶滅したが、わずかに生き残ったものがジュラ紀以降のアンモナイトの繁栄へとつながった。写真はアンモナイトに近いとされる現生のオウムガイ。

リストロサウルスは、P/T境界を生き残った祖先から進化したとされる植物食の単弓類。体長は1mほどで、ずんぐりとした体型である。アフリカ、中国、ヨーロッパ、ロシア、南極大陸等世界中で化石が見つかっている。

アリゾナ州北部にある「化石の森」国立公園。三畳紀の杉や松に由来する珪化木（植物の化石）が数多く存在している。

恐竜のエサにもなっていた可能性のあるソテツの仲間は、三畳紀から白亜紀前半に栄えたといわれている。

酸素濃度がきわめて低かったジュラ紀

ジュラ紀後期の大陸配置

パンゲア大陸の南北の分裂はジュラ紀初期にも続き、テチス海は拡大。動植物や気候に大きな影響を与えた。

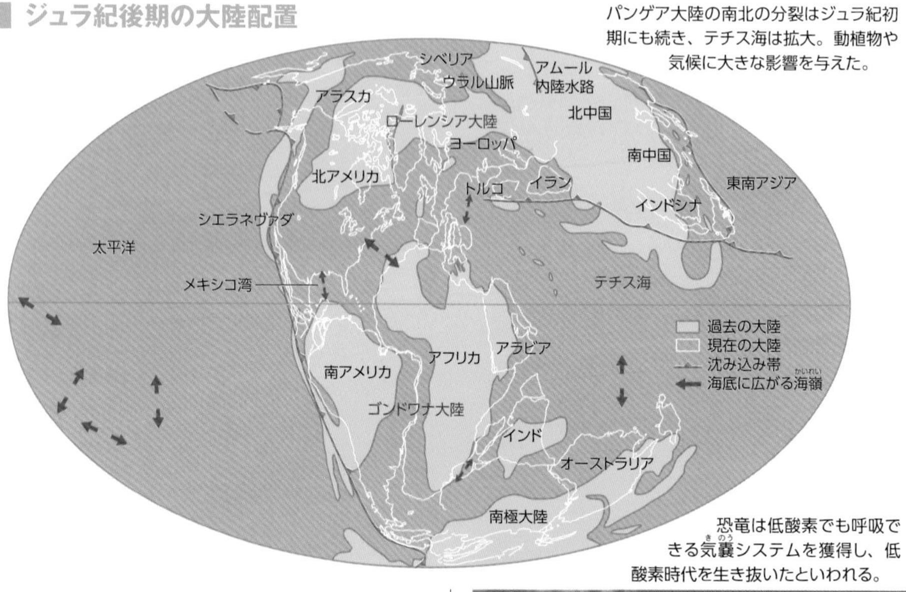

恐竜は低酸素でも呼吸できる気嚢システムを獲得し、低酸素時代を生き抜いたといわれる。

低酸素時代を生き抜いた生物たち

P/T境界では大気中の酸素濃度も低下した可能性が指摘されている。酸素濃度の低下は、三畳紀に入って一時的に回復したものの、三畳紀の終わりからジュラ紀にかけて、再び減少へと転じた。この低酸素濃度状態は、ジュラ紀末まで続いたという。しかも、この時期の大気中の酸素濃度は13～15％程度と、現代の60～70％（3分の2）ほどしかない異常なものだった。これは、まるで地球全体が標高約3700mの富士山の山頂にあるようなものなのである。

多くの動物は酸素に依存して生きているため、ここまで酸素が少なくなると、活動がかなり制限されることになり、文字通り死活問題となったに違いない。このような環境でも子孫を残すために、生物はさまざまな工夫を施し、生き抜いたのだ。

また、ジュラ紀初期にはパンゲア大陸の南北の分裂が始まり、ローレンシア大陸（北部）とゴンドワナ大陸（南部）に分かれ、テチス海も拡大した。海洋では石灰質の殻を持ったプランクトンが現れ、それらが堆積物をつくった。大量の石灰岩は、現在のフランスとスイスの国境で山脈を形成した。これがジュラ紀の名前の由来にもなったジュラ山脈である。

酸素分圧の高度分布

ジュラ紀では、海抜0mが現在の3000～4000m上空に相当する酸素レベルだった。

酸素濃度の変動は、森林燃焼の条件と関連づけられる。植物が燃焼するためには酸素濃度が約13～15%以上であることが必要である。つまり、森林火災の証拠が残るジュラ紀では、大気中の酸素濃度が、基本的に森林が燃える条件を満たしていたはずである。

イチョウの葉の祖先である「ギンゴウ・ハットニイ」の化石。イングランドで産出した中生代ジュラ紀のもの。
写真提供：福井県立恐竜博物館

ジュラ紀の砂丘の跡が残るアメリカのユタ州にあるザイオン国立公園。

低酸素による呼吸システムの進化

恐竜が獲得した効率的な呼吸システム

三畳紀後半からジュラ紀にかけて、酸素濃度が異常に低かったのに、なぜ恐竜たちは絶滅しなかったのだろうか。それは、恐竜がこの低酸素状態に体を適応させたからではないかと考えられている。

陸上生物のほとんどは酸素を取り入れるために肺呼吸をしている。例えば私たちヒトは、横隔膜を使って肺を膨らませたり縮めたりして、酸素を取り入れて二酸化炭素を出すという腹式呼吸をしている。だが、中には私たちとは違う呼吸システムを持つものがいる。それが鳥類である。

例えば、標高5000～8000mもの山々が連なるヒマラヤ山脈は、空気が薄くて酸素不足になりやすいため、一般の人には酸素ボンベが必要である。しかし、ヒマラヤ山脈のような高い高度を飛ぶ鳥として知られるアネハヅルは、酸素ボンベがなくても、そのような高い山を軽々と超えて飛んでいく。それはなぜか？　酸素が薄い条件でも活動できるその理由は、「気嚢」と呼ばれる鳥類独自の呼吸システムにある。

鳥類は、肺の前後に気嚢という袋を持っている。空気をいったん、肺の後ろにある気嚢（後気嚢）に取り込んだ後、肺に送り込む。その後、空気は前方の気嚢（前気嚢）に送り込まれる。このとき、空気は一定の方向に動くために、二酸化炭素と酸素は混ざり合うことがない。そのため、気嚢を持つ鳥類は、哺乳類よりもはるかに効率的に呼吸ができることになり、高い空の上のような酸素が薄い条件でも活動できるのである。

最近では、鳥類は恐竜から進化したということが明らかになっている。鳥類は恐竜の生き残りなのだ。ということは、鳥類の祖先である恐竜も気嚢を持っていたのではないかとも考えられる。

鳥類は大きく膨らませた気嚢を小さな体に収めるため、なんと骨に空洞をつくっている。気嚢とそれを収める空洞を持つ骨は、一対一対応の関係がある。実は、恐竜の骨にも同じような空洞があることが知られていたのだが、恐竜の中でも鳥の祖先にあたる獣脚類の一種であるマジュンガトルスの骨の構造を詳しく調べた結果、このような一対一対応の関係がありそうなことが明らかになったのである。

こうしたことから、大空を飛ぶ鳥類に受

鳥とヒトの呼吸

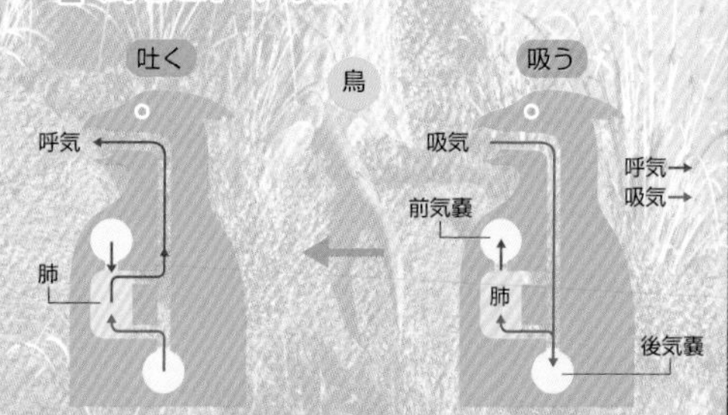

吸い込んだ空気が後気嚢に溜められており、吐くときにも肺に酸素が送り込まれるため、ヒトよりも効率よく酸素を取り込める。

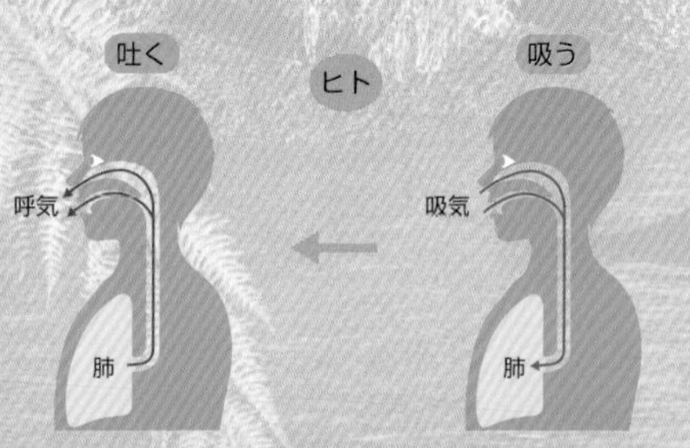

吸うときにだけ肺に酸素が送り込まれている。

最古の鳥類、始祖鳥。獣脚類に(p.140)に分類されるが、気嚢システムを持っていたかはまだわかっていない。

け継がれた効率的な呼吸システムである気嚢は、祖先の恐竜が獲得した可能性が有力となった。おそらく、超低酸素環境であるジュラ紀を乗り切るために有利だったのだろう。

アネハヅル(右)。気嚢を使った効率的な呼吸によって、ヒマラヤ山脈のような高山を超えて渡りをすることで知られる。

2種類に分かれた恐竜

多様な姿の恐竜たち

三畳紀後半から登場した巨大な爬虫類である恐竜は、1億数千万年以上もの長い間、陸上を支配する存在になった。三畳紀末期にも大量絶滅は起きているが、恐竜はそれも乗り越え、繁栄したのだ。一説によると、三畳紀末の大量絶滅の原因は酸素欠乏によるものだったという。恐竜たちが生き残ったのは、少ない酸素を効率的に取り込む気嚢システムを持っていたからかもしれない。

恐竜の系統図

恐竜は、現在の鳥類の祖先にあたる獣脚類の一部の系統を残して、白亜紀末に絶滅した。

多様化した恐竜のグループは大きく竜盤類と鳥盤類に分けることができる。

竜盤類の恐竜はトカゲのような骨盤を持つグループで、脚の形から獣脚類と竜脚形類に分けられる。獣脚類はアロサウルス、ティラノサウルス等がいる。現在の鳥類の祖先は獣脚類から分かれたと考えられている。竜脚形類は草食性の巨大な動物で、ブラキオサウルス等が代表である。

鳥盤類は鳥のような骨盤を持ち、竜盤類よりも適応範囲が広い。鳥盤類には二足歩行でおとなしい草食性の鳥脚類、四足歩行で背中に独特の板状の突起をもった剣竜類、よろいを身につけた鎧竜類、大きな角を備えて白亜紀後期に現れた周飾頭類等がいる。

恐竜紹介 1
〈獣脚類〉

ティラノサウルス

体長12m/白亜紀後期/北アメリカ

かつて地上に存在していた肉食動物では最大の恐竜の一種。頭部骨格が大きく、特に頬の領域全体が広かった。必要に応じて獲物を獲得していた一方で死体処理者として活動していたともいわれる。

細い鳥のような足を持っていた。また腕は非常に短く、2つの大きな指には鋭く曲がったかぎ爪を持っていた。

ティラノサウルスの大きな口には獲物の肉を引き裂くのに適した鋸歯があり、あごの前方にある歯は後方部よりも密になっていた。

ヴェロキラプトル

体長2m/白亜紀後期/モンゴル

素早い略奪者の名を持つ。第2指の長く伸びたかぎ爪と長い手、かたくて軽い尾を持っていた。1920年代にゴビ砂漠で発見された。

デイノニクス

体長3m/白亜紀前期/アメリカ合衆国

第2指にある長く伸びたかぎ爪が特徴。獲物をひっかいたり、その腹を割いたりするのに使っていたと思われる。羽が生えていたとも考えられている。

恐竜紹介 2
〈竜脚形類〉

アンペロサウルス
体長18m/白亜紀後期/フランス

背中に数種類のトゲのよろいのような装甲を身につけていた草食恐竜。化石がブドウ畑の近くで発見されたことから「ブドウ畑のトカゲ」を意味する名前がつけられた。

ブラキオサウルス
体長23m/ジュラ紀後期/アメリカ合衆国、タンザニア

後脚よりも前脚の方が長いのが特徴。他の竜脚形類よりも頭を上に持ち上げられたが、頭の先まで血液を送るほど大きな心臓ではなかったこと等から、垂直までは持ち上げられなかったといわれている。

プラテオサウルス

体長6〜10m/三畳紀後期/
ノルウェー、スイス、ドイツ、グリーンランド

「偏平なトカゲ」を意味するプラテオサウルスは最大級の古竜脚類の1種であり、長い口には植物をかみ砕くための、不規則な隆起で覆われた葉状歯が並んでいる。プラテオサウルスは世界に50以上の完全な骨格が現存するため、よく研究されている恐竜だ。

ディプロドクス

体長30m/
ジュラ紀後期/アメリカ合衆国

「2本のはり」を意味するディプロドクスは草食恐竜であり、背骨で長い首と尾を支えていた。歯はとがっておらず葉っぱをむしり取っていた。

恐竜紹介 3
〈装盾類(そうじゅんるい)、周飾頭類(しゅうしょくとうるい)〉

エウオプロケファルス

装盾類/鎧竜類(よろいりゅうるい)/体長7m/白亜紀後期/北アメリカ

尾に骨質(こつしつ)のこん棒がついており、これを振り回すことでティラノサウルスといった肉食恐竜を追い払っていた。アンキロサウルスと近縁だが、大きさはそれほど大きくない。

パキケファロサウルス

周飾頭類/堅頭竜類/体長5m/白亜紀後期/北アメリカ

二足歩行の草食恐竜で、頭骨全体がドーム状になっている。頭頂部の骨は非常に厚く、トゲ状の骨が頭の後ろから側面にあり、捕食者から身を守るために使われていたと考えられている。

トリケラトプス

周飾頭類/角竜類/体長7m/白亜紀後期/北アメリカ

首のフリルと、額にある長い2本及び短い鼻の1本の角が特徴的なトリケラトプス。最大のトリケラトプスの頭骨は2m以上もあり、70cmもの角を備えていたという。頭骨が非常に硬く、結果として他の恐竜よりも多くの頭骨が化石として残ることになった。

ケントロサウルス

装盾類/剣竜類/体長5m/ジュラ紀後期/タンザニア

タンザニアのテンダグルで化石が発見された。背中や腰、尾には一対のトゲが並んでおり、体を部分的に保護していた。いくつかの標本が並んで発見されたことから、群れで生きていた可能性がある。

恐竜紹介 4
〈鳥脚類、その他〉

パラサウロロフス

鳥脚類/体長9m/白亜紀後期/
北アメリカ

頭の上の管状のトサカが特徴的な恐竜で、鼻から入った空気がこの長いトサカを通って体内に取り込まれるようになっている。

コリトサウルス

鳥脚類/体長9m/白亜紀後期/北アメリカ

空洞の板のようなトサカで知られており、大きな反響音を出すために使われたと考えられている。果汁や若い葉っぱをあさる選択食動物だった可能性がある。

翼竜類

翼竜は、最初に空を飛んだ脊椎動物で、三畳紀後期に現れ、白亜紀に最も栄えた。翼の膜は頑丈で、現生のコウモリに似ていたと考えられている

プテラノドン

翼竜類/体長7m/白亜紀後期/アメリカ合衆国

長く、歯のないあごと、水の中に突っ込みやすい流線型の頭骨を備え、魚を捕るのに適応していた。白亜紀後期の北アメリカの浅い海を飛び回り、アホウドリと同じ方法で飛び、獲物をとっていたようだ。

ランフォリンクス

翼竜類/体長1m/ジュラ紀後期/ドイツ、タンザニア

小型の翼竜。上下のあごには大きな歯が外側に向かって生えていた。尾の先にはひし形の羽があった。

白亜紀末に起こった大量絶滅

恐竜を絶滅させた小惑星

今から約6550万年前、突然、恐竜の時代に終わりを告げる出来事が起きた。地上で繁栄を極めていた恐竜が姿を消した大量絶滅、K/Pg境界（白亜紀/古第三紀境界）イベントだ。K/Pg境界イベントは、中生代と新生代を区切る大事件でもあり、ここを境に、地球に暮らす生物たちの顔ぶれも一変する。

大量絶滅には、地球内部の活動や海洋無酸素イベント等、地球自身の変化が大きく影響しているように見える。特に、P/T境界や三畳紀末（T/J境界）の大量絶滅は、極度の温暖化や酸素欠乏によるものだと考えられている。ところがK/Pg境界の場合は事情が違う。小惑星の衝突という、地球外の要因が原因であると考えられている。

小惑星の衝突という説が出されたのには根拠がある。1980年にアメリカ・カルフォルニア大学のアルヴァレス親子が、6500万年前のK/Pg境界層中に含まれるイリジウムの濃度が極度に高いことを発見したのだ。

イリジウムはもともと地球の材料であった微惑星に含まれていたものだ。ただ、イリジウムは鉄と結合しやすく、ほとんどが地球中心部の核に移動してしまったため、地殻にはほとんど残らなかった。つまり、高濃度のイリジウムが地層中に含まれていることを説明するには、そのときに小惑星が衝突したと考えるしかないのだ。

そして、メキシコのユカタン半島で発見された直径約180kmのチチュルブ・クレーターが、K/Pg境界において小惑星が衝突して形成された衝突クレーターだとされている。

直径10kmほどの小惑星が地球に衝突すると、大量のチリが巻き上げられ、地球全体を覆ってしまう。その結果、気温は低下し、植物の光合成が停止したのではないか

これまで、白亜期末の大量絶滅は「白亜紀/第三紀=K/T」イベントと呼ばれてきたが、地質年代の改訂に合わせて、「白亜紀/古第三紀=K/Pg」イベントと名称が改められた。

約6500万年前にできた、直径約180kmのチチュルブ・クレーターは、メキシコのユカタン半島で発見された。

と考えられている。光合成が停止すれば、食物連鎖によって、生態系の頂点にある恐竜まで絶滅が生じても不思議ではない。

ただし、巻き上げられたチリは雨によって速やかに洗い流されてしまったのではないかとも考えられており、実際はどうやって生物の大量絶滅が生じる結果となったのかは、必ずしもうまい説明があるわけではない。

地層中のイリジウム濃度

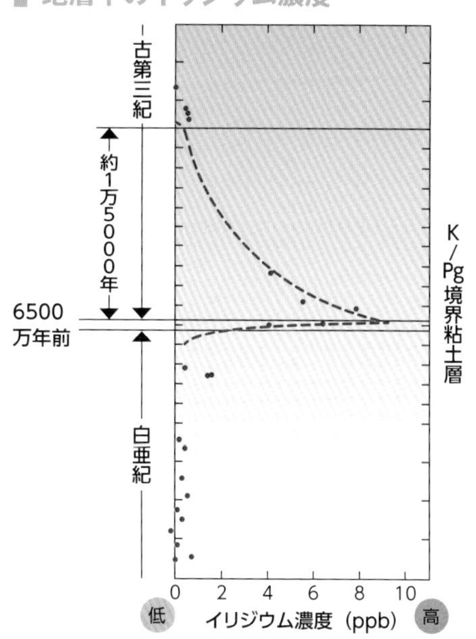

カリフォルニア大学のアルヴァレス親子が、K/Pg境界層中のイリジウムの異常濃集から、隕石衝突による恐竜絶滅を提唱した。[AlVarez, 1980]『進化する地球惑星システム』

09 恐竜絶滅後の世界

哺乳類の時代が到来する

三畳紀から白亜期末にかけて、約1億数千万年にわたり、哺乳類と恐竜は共存していた。その後K/Pg境界で、恐竜は鳥類を除いて絶滅したが、哺乳類の一部は弱々しくも命をつないでいた。ここでは恐竜絶滅後、哺乳類が生態系で次第に存在感を増していく様について解説していく。

哺乳類である馬の最古の先祖といわれているヒラコテリウム（エオヒップス）。体高約30cmという小ささで、巨大鳥のエサになっていたと考えられている。

恐竜絶滅直後の時代最大の動物だった巨大鳥。体長約2m、推定体重200kgだ。ただし飛ぶことはできなかった。

新生代の地球環境

古第三紀の大陸配置

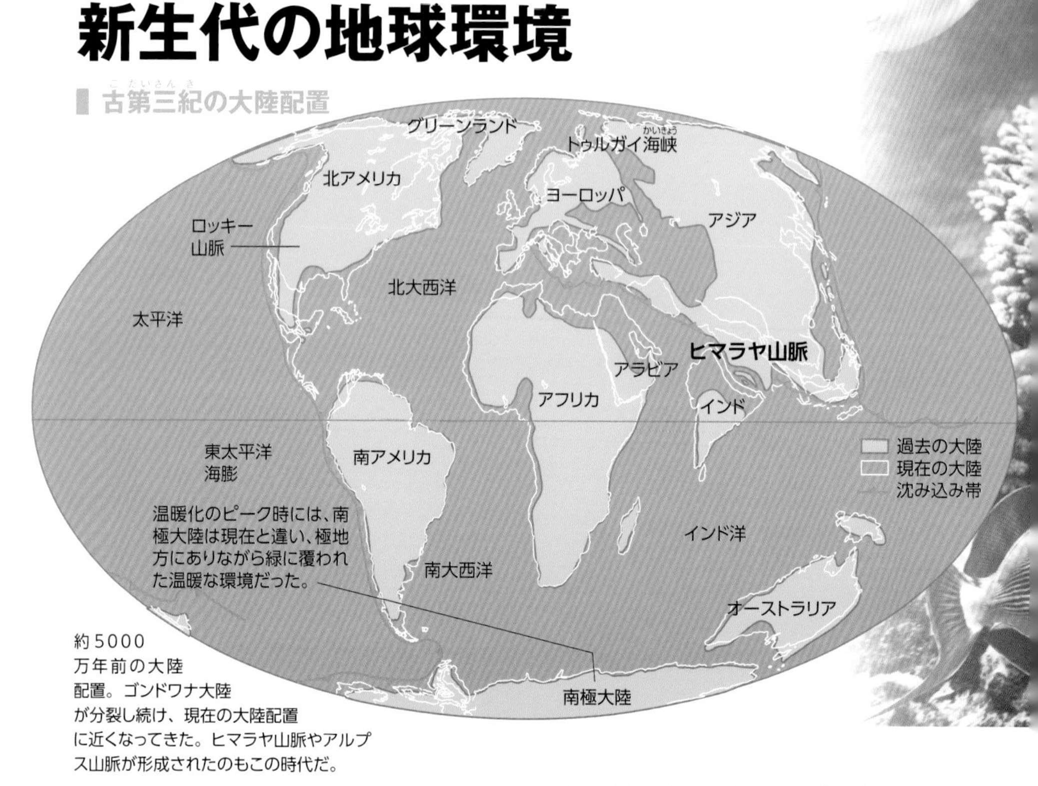

約5000万年前の大陸配置。ゴンドワナ大陸が分裂し続け、現在の大陸配置に近くなってきた。ヒマラヤ山脈やアルプス山脈が形成されたのもこの時代だ。

だんだんと寒冷化する世界

新生代は、6550万年前から2300万年前までの古第三紀と、2300万年前〜260万年前までの新第三紀に分けられる。

今から約5500万年前、急激な温暖化が生じた。1〜2万年の間に、地球の海面温度が約5℃も上昇したという。

このときの温暖化の原因は、地層に記録されている炭素の同位体比の変化から、海底下にあるメタンハイドレートが分解して、大量のメタンが大気中に放出されたことによるものと考えられている。この出来事は、短期間に生じた温暖化であることから、現代の地球温暖化との類似性があるため、注目を集めている。

温暖化のピークを迎えた後、気候の寒冷化が始まる。北半球では、乾燥に耐えられる開けた森や草原が広がり、草食哺乳類が増えた。南極大陸は、陸続きの頃は暖流の影響を受け緑に覆われた暖かい気候の土地だったが、南米やオーストラリアから分裂することによって、周囲を取り囲む冷たい海流が形成され、熱的に孤立してしまった。その結果、現在のような氷の大陸へと変貌し、地球の寒冷化を加速させていった。

また、大陸同士の衝突で、ヒマラヤ山脈やアルプス山脈のような大山脈が形成され、大気の循環が変化し、寒冷化・乾燥化がさらに進行。その影響による絶滅を避けるため、動物たちは気候変化に対応できるような、新たな生き残り戦略を必要としていった。

現生と近縁のサンゴ礁は、古第三紀に形成されたのではないかと考えられている。

メタセコイアは、古第三紀から新第三紀前期に北半球で多く生息した針葉樹の1つだ。

アルプス山脈が誕生したのもこの時代。大陸プレート同士が衝突して形成された。

古第三紀前半には熱帯雨林が広範囲に広がり、中には現生の熱帯植物に通じる植物グループも含まれていた。

世界の屋根・ヒマラヤ山脈の形成

ヒマラヤ山脈の形成

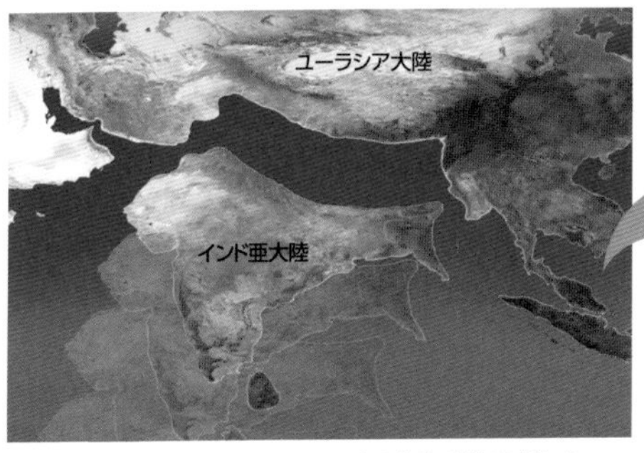

約5500万～4500万年前、インド亜大陸が北西部からユーラシア大陸に衝突し始めた。

ヒマラヤ山脈

インド亜大陸とユーラシア大陸の衝突で隆起運動が起き、ヒマラヤ山脈が形成される。成長し、テチス海の海底の堆積物が、地表に押し上げられた。

海の底が世界一高い山の上に

地球の表面は平らでなく凸凹しており、一番低い海溝の最深部から一番高い山の山頂までの差は約20kmもある。この高度差も、生物の多様性を生んだ要因の1つだ。

現在、地上で一番高い場所は、8000m級の山々を擁するヒマラヤ山脈である。形成され始めたのは、今から約5500万～4500万年前といわれている。現在の世界地図を見てみると、インド亜大陸はユーラシア大陸の一部となっているが、もともとはパンゲアの南半分を占めるゴンドワナ超大陸の一部だった。それが分裂して、北上し始めたのだ。現在のアフリカ大陸やオーストラリア大陸、マダガスカル島等と離れ、北上

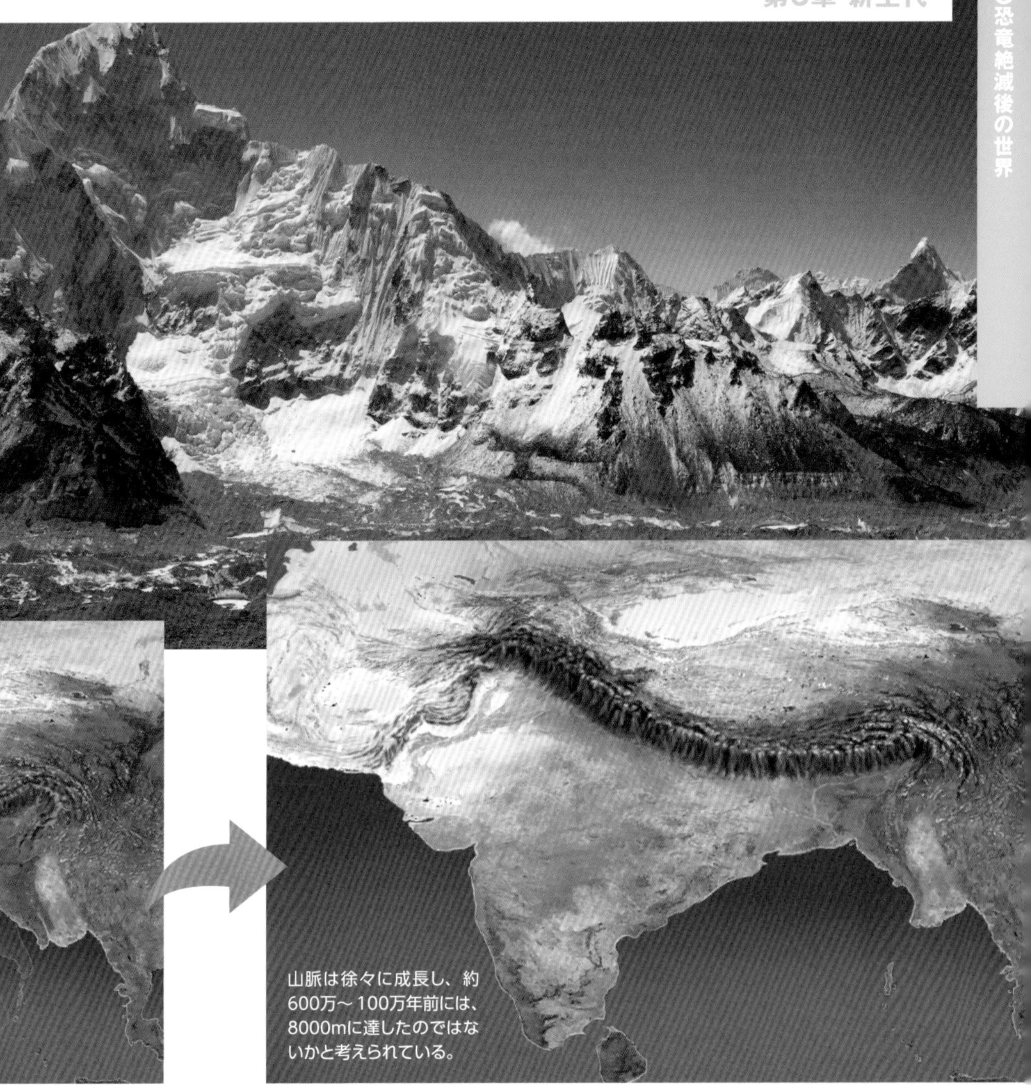

山脈は徐々に成長し、約600万〜100万年前には、8000mに達したのではないかと考えられている。

して赤道を越え、5500万〜4500万年ほど前ユーラシア大陸と衝突し始めた。

衝突が始まると、その影響で地殻が隆起し、山脈が徐々に形成され始めた。そして、現在のように8000m級の山々にまで達したのが600万〜100万年ほど前のこと。インド亜大陸とユーラシア大陸の間にあったテチス海の海底堆積物が押し上げられ、当時の生き物たちの化石が露出している。ヒマラヤ山脈の誕生は、地球の気候も変化させた。夏にはインド洋上の高気圧が発達し、ヒマラヤ・チベット地域に吹き込んだモンスーン（季節風）がヒマラヤ山脈にぶつかり雨を降らせる。よって、ヒマラヤ山脈を隔てて南側は湿潤になり、北側は乾燥した。これは生物にも影響を与えたであろう。

巨大鳥の登場

ディアトリマ。体長約2mほどで、哺乳類を蹴飛ばし、巨大なくちばしで突き刺して捕獲していた。

巨大な鳥が地上を支配

K/Pg境界の大量絶滅で恐竜が絶滅した後は、哺乳類の時代がやって来る。しかし、どのようにして哺乳類が繁栄していったのかはあまりわかっていない。実は、恐竜が絶滅してから、すぐに哺乳類の天下になったわけではなかった。なぜなら、その頃の哺乳類は樹上で生活する小さな生き物がほとんどで、まだ弱々しい存在だったからだ。

恐竜が絶滅した後、大型生物はすべて姿を消したと思われていたが、6500万年前から少し後の地層から、指先からかかとまで30数cmもある生物の足跡が残っていた。その足の持ち主は、ダチョウのような飛ばない鳥、「ディアトリマ」だった。体長2m、体重は200kgほどの大型の鳥の仲間で、恐竜がいなくなった後、最強の肉食獣として地上の支配者になっていたという。頭骨の化石は縦30cm、横40cmと巨大なもので、その先には長さ25cmものオウムに似た大きなくちばしを持っていた。

そもそも鳥類は一部の恐竜の子孫であり、大量絶滅を免れた恐竜の生き残りであった。ディアトリマの祖先は恐竜が占めていたニッチ（生態学的地位）を引き継いだと考えら

南米や南極等にいたフォルスラコス。鋭いかぎ爪、巨大な頭部、太い足等を備えていて、体長は1.5mほどだった。

カナダのアルバータ州に見られるK/Pg境界層。大量絶滅の痕跡が残されている。

れている。ディアトリマは体が大きく翼が小さいため、"飛ばない鳥"だったが、ハゲワシやタカのように獲物のにおいを嗅ぎわける嗅覚が発達していた。巨大なくちばしと大きくて強力な咀嚼筋を持っていたことからも、獰猛な肉食獣で、まだ小さかった哺乳類を襲い、食べていたと思われる。

またディアトリマの化石はイギリスを含むヨーロッパ、北アメリカと広い範囲に渡って発見されている。南アメリカや南極等では「フォルスラコス」という巨鳥が君臨した可能性が高く、アフリカでも巨鳥の化石が見つかっている。このことから、6500～4500万年前は、巨鳥の時代だったのではないかと考えられている。

COLUMN ディアトリマからガストルニスへ

新生代の初めには、ディアトリマと同じような巨鳥が数種いたと考えられている。ヨーロッパで発見された「ガストルニス」もその1つだ。だが、最近になってガストルニスとディアトリマが同種の鳥ではないかといわれるようになってきた。ガストルニスの化石は1850年代に発見されていたが、不完全なうえ正しく復元されていなかったため、1870年代にディアトリマの完全な化石が発見されたときは、この2種の鳥が似ていると思う人はいなかった。しかし、保存状態のいいガストルニスの化石が発見されると、ディアトリマとそっくりであることがわかり、多くの学者がこの2種が同じ鳥であると考えるようになってきた。現在ではディアトリマの学名が積極的に使用されることはなくなっており、その食性も肉食ではなく植物食性あるいは雑食であった可能性が高いという説がある。

ディアトリマの完全な骨格は1870年代に初めてアメリカのワイオミング州で見つかった。

哺乳類の進化

ニッチに入り込み多様化

もともと哺乳類の祖先は、中生代・三畳紀の単弓類（p.135）から出現したが、恐竜たちが地上を支配する中生代後半では、多くは小型の夜行性で、体長10cmに満たない動物だった。目や耳が小さく、長い尾を持ち、主に昆虫や果物を食べていたらしい。

最近の研究により、この時代の哺乳類は多様化していたことがわかってきたが、その多くは、K/Pg境界の大量絶滅か、それよりも以前に絶滅している。その中で、白亜紀に出現した2つの哺乳類グループ、「真獣類」と「後獣類」が新生代になって頭角を現してきた。

真獣類は、現生哺乳類のほとんどが属するグループで、子を体内で一定期間育てるための胎盤を持っていることから、「有胎盤類」ともいわれている。一方、後獣類は、

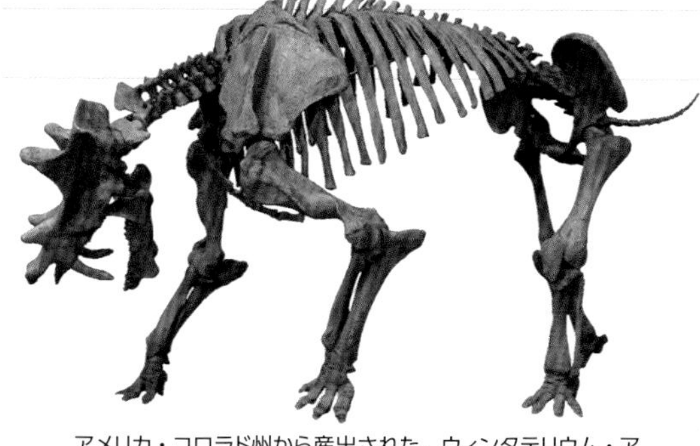

アメリカ・コロラド州から産出された、ウィンタテリウム・アンセプスの骨格標本。写真提供：福井県立恐竜博物館

オーストラリアのカンガルーに代表される、通常は腹部にある育児嚢で子を育てる「有袋類」のグループである。

真獣類や後獣類と、中生代末に滅んだその他の哺乳類の間にはどのような違いがあったのだろうか。一説によると、その大きな違いは臼歯にあるといわれている。臼歯には“ハサミ”と“杵や臼”の機能が備わっている。この高度な咀嚼能力を手に入れたことで、真獣類と後獣類は、この能力を備えていない他の動物よりも栄養の吸収力がよかったのではないかという。

さらに、新生代以降の地球で繁栄することになる真獣類は、他の動物にはないもう1つの特徴を持っていた。それは、完全な胎生である。胎生によって、生まれてすぐに歩行できるほど子どもを体内で育てることが可能になるので、子育ての際のリスクが低くなっている。哺乳類は、かつて恐竜がいたニッチに入り込み、爆発的に広がっていく。その進化は、植物食のグループが増えた後、それを追いかけるように肉食の哺乳類が数を増やしていく2段階で進行していったという。

また、真獣類の中には私たちヒトが属する霊長類の近縁もいたと考えられており、土の中から追われたげっ歯類の仲間が、新生代初期に広がった熱帯〜亜熱帯の森林での生活に適応したものだという。この時期にいたとされるプレジアダピスは、ネズミとリスの中間のような外見をしており、初期の霊長類に近い動物だと考えられている。彼らが暮らす樹上は枝などが複雑に入り組んでいて、移動のため三次元の視覚や位置感覚がとても重要だった。また、しっかりと枝を握らないと生きていけない状況であったため、だんだんと立体視のできる目と器用な手を獲得するようになったのではないかといわれている。

哺乳類の進化

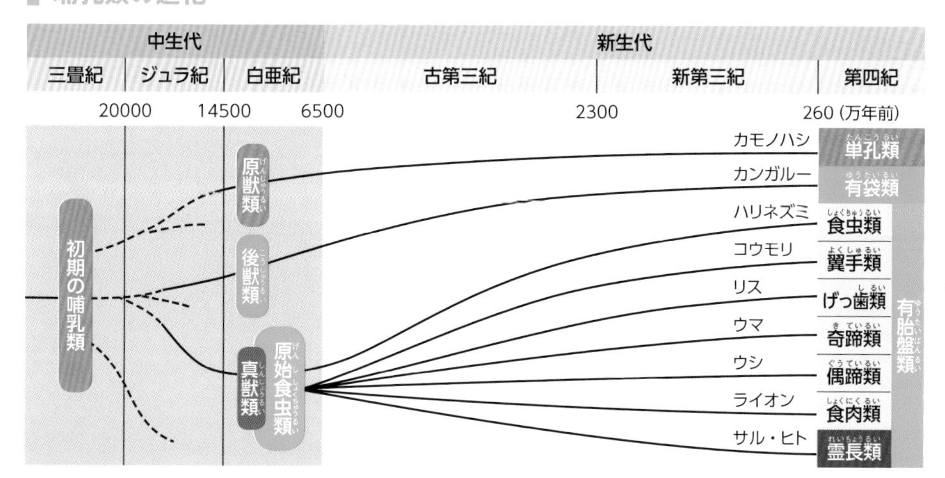

海へ戻った哺乳類

クジラの祖先はカバだった？

哺乳類は陸上で生まれ、多様化していったが、中には海へと進出を遂げたグループがあった。その中の代表格がクジラ類だ。大昔のクジラ類の祖先は陸上で暮らしていた。現在知られているクジラの祖先に最も近い陸上動物は、約5000万年前の「インドヒウス」で、四肢の先に蹄のついた、カバやイノシシ等の「偶蹄類」に近いと考えられている。「パキケトゥス」は最古のクジラとされ、現生のアザラシのように、陸上にいることも多かったという。

しかし、似てもにつかないこの偶蹄類が、クジラの祖先といえるのはなぜなのだろうか？　それは耳骨のしくみがクジラと同じだったからだとする説がある。クジラ類は骨で音を伝える骨伝導によって音を聞いて

バシロサウルス

体長約25m。肉食。初期の大型クジラは、深海で魚やイカを食べていたようだ。

ドルドン

体長約5m。肉食。水中生活に適応し、後ろ足は退化していたと見られる。

パキケトゥス

体長約1.8m。肉食。常に水中で生活していたわけではなく、アザラシのように陸上での生活が主だった。

インドヒウス

体長約60cm。肉食。クジラの祖先に最も近いとされる。小さなシカのような見た目で、陸上生活を送っていたと見られる。

アンビュロケトゥス

体長約3m。肉食。パキケトゥスよりも進化したが、足には水かきがあった。

いるが、これは動物の中でもクジラ類しかない特徴だった。その中で、陸で暮らしていたインドヒウスやパキケトゥスは、あごを地面につけることで、振動を耳骨に伝えていた、というのである。また、インドヒウスやパキケトゥス等の化石は、インドやパキスタンに分布している。ここにはかつてテチス海の浅瀬が広がっており、ここに生息する生物（エサ）を求めて、海へと進出したのではないかとする研究もある。

その後、約4000万年前には、初期の大型クジラ・バシロサウルスや、現生のクジラにつながったドルドンも登場し、水中の生活に適応していった。

10 人類の登場

ついに地球上に「ヒト」が現れる

今から約700万年前、ついに地球上に人類が登場した。40億年前の生命誕生から、生命は幾度も絶滅と進化を繰り返しここまでたどり着いた。私たちの祖先は、いったいどのように進化してきたのだろうか？ 霊長類の中で、ヒトとそれ以外を隔てているものは何か？ ヒトの謎を紐解いていこう。

ホモ・ネアンデルターレンシス（約30万～3万年前）

身長1.55～1.65mほど。現生人類が到達する前のヨーロッパを中心に30万年近く繁栄したが、両者の交流についてはよくわかっていない。背が低くがっしりした体格なのは、寒い気候に適応するためだったと考えられる。

ホモ・サピエンス（約15万年前～現在）

身長約1.85mほどまで成長。ネアンデルタール人（ホモ・ネアンデルターレンシス）がヨーロッパで繁栄した同時期、アフリカで進化していった。火や道具を使いこなし、集団生活を営む。約12万年前以降の化石からは、現代型のホモ・サピエンスの特徴が見られる。

ドリオピテクス（中新世後期）

新第三紀の中の区分・中新世（約2300万～500万年前）後期の類人猿。身長は60cmほどで、チンパンジーに似ている。樹上で暮らし、四つんばいで歩くこともできたという。

アウストラロピテクス・アファレンシス（約400万～280万年前）

身長1～1.5mほど。現生人類の祖先と考えられ、木に登ることもあるが、主に二足歩行していた。「ルーシー」と呼ばれる化石人骨が有名。

パラントロプス・ロブストゥス（約180万～140万年前）

身長1.1～1.3mほど。平たい顔が特徴で、大きな歯を持っていた。ホモ・エルガステルと同時期に生きていたが、早い時期に絶滅した。

ホモ・エルガステル（約180万～60万年前）

身長は1.8m近くまで成長すると見られる。それまでに比べ高度な石器文化を持ったため、「エルガステル=職人」と呼ばれる。

第四紀の地球環境

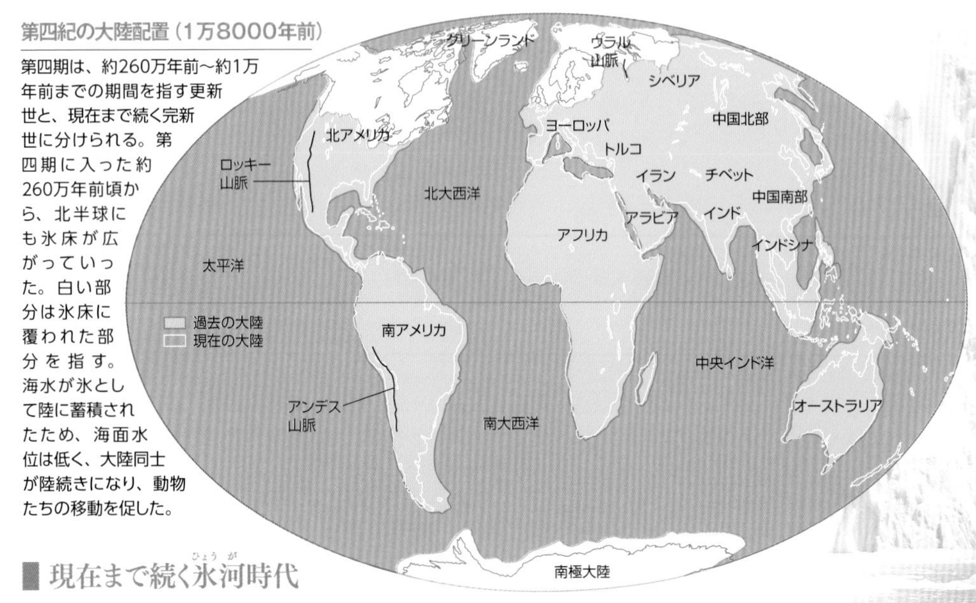

第四紀の大陸配置（1万8000年前）

第四期は、約260万年前～約1万年前までの期間を指す更新世と、現在まで続く完新世に分けられる。第四期に入った約260万年前頃から、北半球にも氷床が広がっていった。白い部分は氷床に覆われた部分を指す。海水が氷として陸に蓄積されたため、海面水位は低く、大陸同士が陸続きになり、動物たちの移動を促した。

現在まで続く氷河時代

新生代は、寒冷化が進んだ時代だ。特に第四紀は寒冷で、氷床（氷河）が発達した「氷期」と、氷床が後退した「間氷期」とを繰り返しながら、現在の間氷期（後氷期とも呼ばれる）に至っている。

今から約4300万年前頃から南極に氷床が形成されはじめ、地球は氷河時代に突入した。それ以降、さらなる寒冷化が生じてきたが、約260万年前の第四紀に入った頃から、北半球にも氷床が形成されるようになり、氷期と間氷期の繰り返しが顕著に見られるようになった。したがって、地球は新生代の前半から現在に至るまで、氷河時代が続いていることになる。

現在、私たちは第四紀の完新世という時代に生きている。完新世は、後氷期と呼ばれる、温暖な気候の時代であるが、あくまでも氷河時代における間氷期という位置づけであって、地球史的に見れば寒冷な時代なのである。今後、地球がさらに寒冷化するのかどうかはわからない。

氷期の頃、氷河が岩石や土砂を削り取ったり、大きな岩石が運搬された痕が、世界中に残っている。私たちは、それらをあちこちで見ることができる。日本では、北アルプスや中央アルプスの山頂等に、くぼんだ地形ができ、アメリカ・ニューヨークのセントラルパークでは、氷河が運んできた大きな迷子石がある。

また、氷河が成長した時期は、海水が陸上に氷として蓄積されたため、海面の水位が現在よりもずっと低かった。最も水位が低かった時期には、海面水位は現在より120 mも低く、日本列島はユーラシア大陸と陸続きになっていた。日本列島ではマンモスの仲間のナウマンゾウの化石がたくさん発見されているが、ナウマンゾウはこのような時期に日本に渡ってきて、当時暮らしていたヒトの大切な食糧となっていたのだろう。

とけない氷河

アルゼンチン・パタゴニアにある「ペリト・モレノ氷河」。世界で3番目の淡水量を持つ南パタゴニア氷原から流れ出している48の氷河のひとつである。この氷河は、間氷期の現在も後退せずにその姿をとどめている。

迷子石とは？

氷河によって削り取られた岩石が運搬されて置き去りにされたもの。その場所にはない種類の岩石が残されるので「迷子石」と呼ばれる。ニューヨーク・セントラルパーク（左）にも見られる。

現代にも続く植物

第四紀も、陸生植物は引き続き繁栄した。被子植物のワタスゲ（左）は湿原に広がり、ゼニゴケなどのコケ類（右）もかなりの数があったと考えられる。

第四紀の大型生物

進化を繰り返し、環境に適応

新生代後半から、中緯度や高緯度の地域を中心に、地球の気温は急激に低下し、寒冷化が一段と進み、乾燥化した。その結果、多くの地域で森が姿を消し、草原が増え、奇蹄類（ウマやサイ）、偶蹄類（ウシ等）等、草原に適応したグループが進化した。

乾燥した地域には、イネ等葉や茎の硬い植物が出現したが、これらのグループの動物は、硬い物もすりつぶせるよう臼歯が発達した。また、一部の地域では乾燥化がさらに進み、砂漠が広がって、それに適応したラクダ類等、新たな哺乳類も登場した。

そして第四紀（約260万年前）の初めになると、陸上のいたるところで大型哺乳類が見られるようになる。

世界中に広く生息したマンモスがのし歩き、体長が最大で6m、体重1トンもある巨大なナマケモノ等も南北アメリカに生息していた。ユーラシア大陸では、巨大インドサイや、角の先端の両端の長さが3.5m以上にもなる巨大シカの一種、オオツノジカもいた。そして、オーストラリア大陸には、現生のウォンバットをカバほどの大きさにしたディプロトドンや、史上最大のカンガルーであるプロコプトドン等の巨大な有袋類がいた。しかし、これらの動物は最終氷期の終わりまでに絶滅した。気候変動による寒冷化及び乾燥化についていけなくなった、現生人類の狩猟の対象になった等、さまざまな要因が考えられる。

マンモス

約260万～1万年前にかけて、世界中に広く生息した。巨大な牙は、エサを食べる際に地面の雪等をかき取ったり、身を守ったりするために使われていたようだ。体長約3.5m。

現生のウォンバット。体長は70cmほどのずんぐりした体型だが、ディプロトドンは4倍以上も大きかった。

スミロドン（サーベルタイガー）

剣歯虎とも呼ばれる、体長2mほどの大型のネコ。犬歯と下あごが発達し、獲物を効率的に捕らえることができた。

ウマの化石から見える生物進化

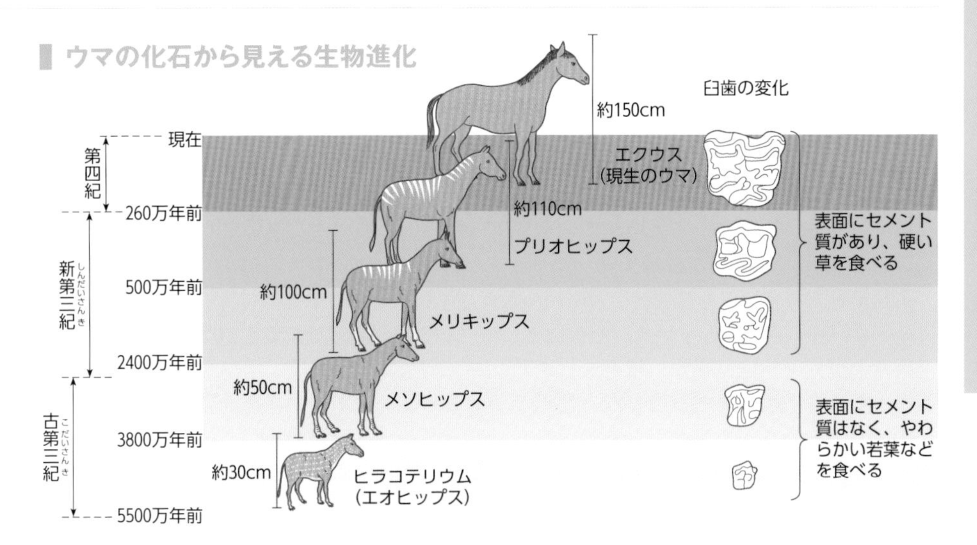

COLUMN 現生の生物たち

第四紀に繁栄した大型の哺乳類は絶滅してしまった。ビーバーやアルマジロなど、現生の生き物に近い種もたくさんいたようだ。中には、オランウータンに似た史上最大の霊長類・ギガントピテクスという生物もいた。彼らは身長3m、体重は500kgあったとされているが、完全な骨格や頭骨は見つかっていない。

かつて北アメリカにいたビーバーは体長2mほどもあったが、今ではその半分ほどの大きさだ（上左）。ギガントピテクスはオランウータンに似ていたという（上右）。現生で最大のトカゲ、コモドオオトカゲ（左）。グリプトドンの類縁アルマジロ（右）。

霊長類たちの進化

手と視覚が発達した

約6500万年前の古第三紀初め、初期の霊長類に最も近い動物だと考えられているプレジアダピス（p.160）が登場する。

霊長類が生活の場として選んだ木の上は枝などで複雑に入り組んでいた。そのため、三次元の視覚や、位置感覚、枝をしっかりと握るための手が必要だった。だんだんと立体視のできる目と器用な手を獲得するようになり、漸新世（約3400万～2300万年前）には、ヒトや類人猿、ニホンザル等を含む真猿類が現れる。現生真猿類の最大の特徴は、眼の後部を囲む骨の壁が発達し、眼球と側頭部の筋肉が接触しなくなったことだ。側頭筋は食物をかみ砕く咀嚼運動に関わっているので、眼球と側頭筋が骨壁ではっきり分かれたことにより、効率よく食べることができるようになったと考えられている（p.171左下図）。

また、初期霊長類や哺乳類は2色型色覚であったが、ヒトや類人猿等の色覚が3色型色覚に進化した。その理由については、緑色の森林の中で食糧となる赤い果実を見つけるために進化したという説や、遺伝子の変異、外敵を見つけやすくするため等、研究者によってさまざまだ。

私たちの祖先は、手や視覚を発達させることによって、生き残ることに成功したのである。

ヒトとチンパンジーの骨格の比較

四足歩行

脊柱は頭部の後ろについているので、頭が水平に保たれている。

頭蓋骨は小さく幅も狭い。

目の上の骨は隆起している。

胸郭は円錐形なので、肩の関節が柔軟になり、頭上に手を伸ばしたり、木登りに有利。

腕が非常に長く、木登りに有効。

大腿骨は平行で、足も短い。指の背を地面に置いて体重をかける「ナックル・ウォーキング」を行う。

「ナックル・ウォーキング」に適した、長く曲がった**指**。

骨盤は幅が狭く、長く、胴体と足の角度を保ちやすい。

足指は長く、親指は他の指と向かい合わせになっている。そのため、木登りの際に枝などものをつかむことができる。

二足歩行

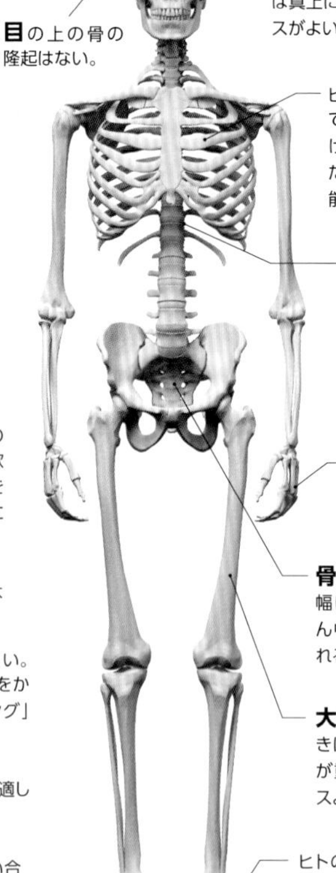

霊長類の進化

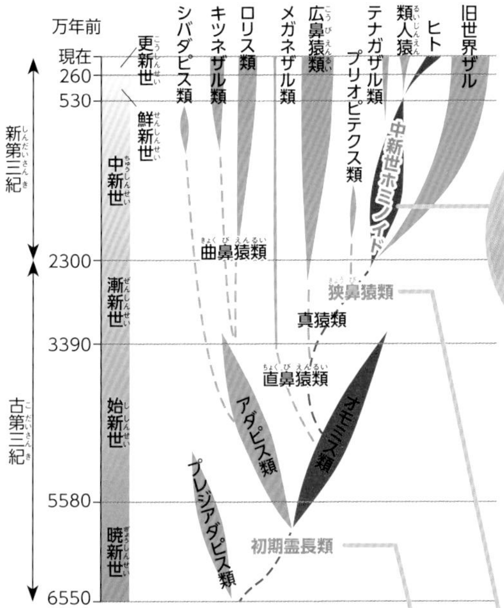

参考資料：京都大学霊長類研究所（http://www.pri.kyoto-u.ac.jp/index-j.html）

霊長類の進化図。ピンク色の部分が、ヒト科へとつながる。霊長類は、人類のほか、類人猿やサルなどを含む、現生の哺乳類の中でも古い起源を持つグループの1つだ。

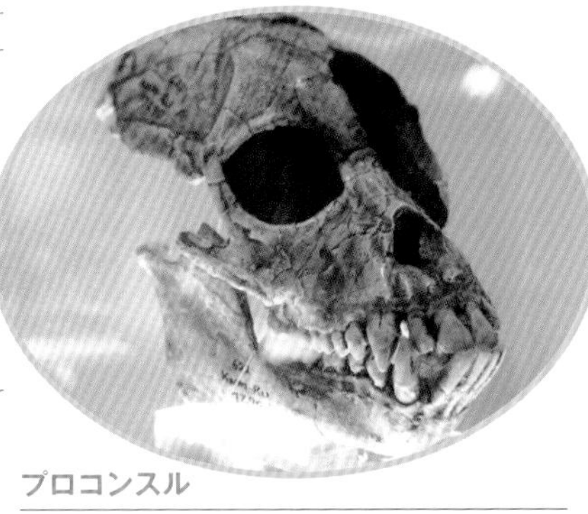

プロコンスル

プロコンスルは、中新世に登場した初期類人猿の一種で、狭鼻猿類の原始的な特徴と、類人猿としての特徴をあわせ持っている。（※）

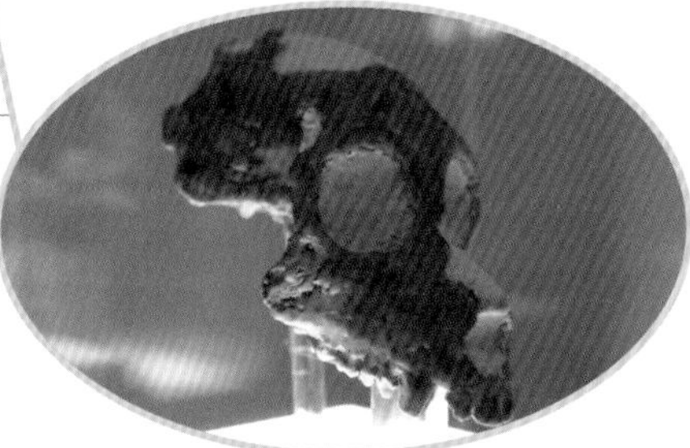

エジプトピテクス

もっとも原始的な狭鼻猿類の一種。眼窩後壁があり、両目が前方を向いているため、真猿類であることは間違いない。（※）

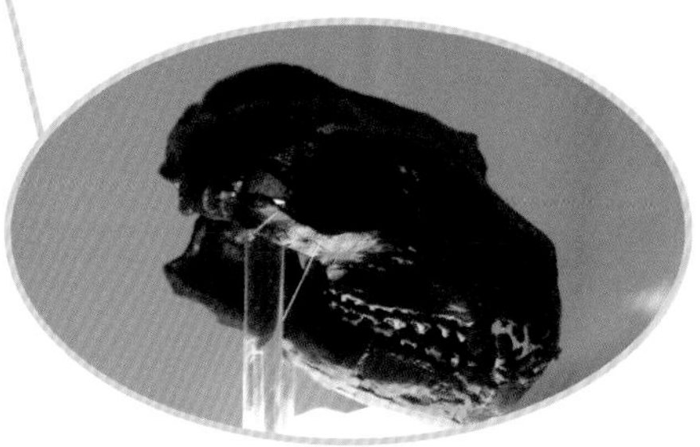

ノタルクトゥス

始新世の北アメリカ大陸に生息した初期霊長類の一種。アダピス類に含まれる。現在のキツネザル類に似ていたと推測される。（※）

目の発達が進化を促す

真猿類

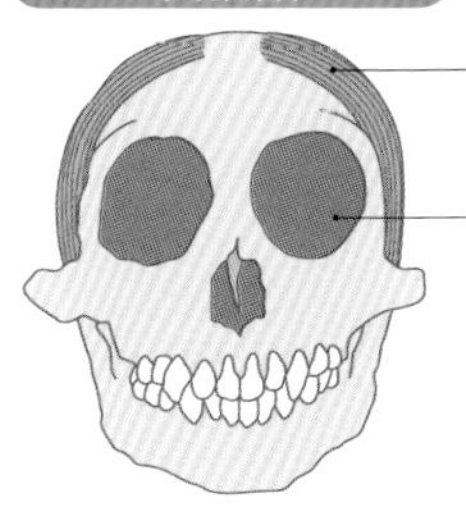

側頭筋

眼球の後ろに壁（**眼窩後壁**）があるため、筋肉と触れ合わない。そのため、食べ物をかんでも眼球が揺れず、ものが見えにくくならない。

真猿類以外

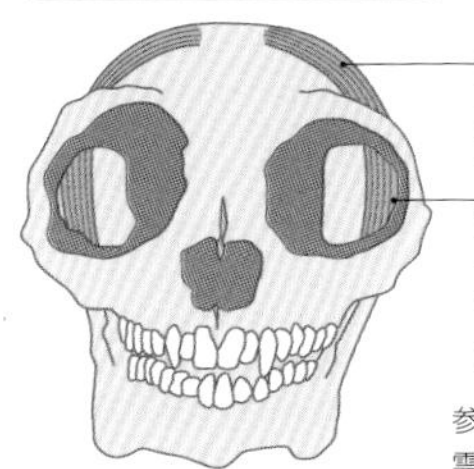

側頭筋

眼球と**側頭筋**が触れているので、食べ物をかむと、筋肉の動きに合わせて眼球が揺れて、視力が落ちてしまったと考えられる。

参考資料：『地球大進化5／霊長類進化の拠点を探せ』

（※）国立科学博物館収蔵

進化していった人類

乾燥したサバンナで生まれた人類

2300万～1600万年前、初期の類人猿が登場する。霊長類の中でヒトに最も近いとされる大型の類人猿は、大型化したことで、木を降りて歩き始めるが、人類とは違い、腕を伸ばし握ったこぶしを地面につきながら歩くナックル・ウォーキングという歩き方をしていた。人類は直立二足歩行をするようになり、これで前足（手）が完全に自由になり、道具を使えるようになった。そして、道具を使うために手を動かすことで、

700万年前

サヘラントロプス・チャデンシス
（約700万～600万年前）
アフリカ中部で見つかった頭骨。サヘラントロプスが人類と猿人類の分岐のどこに位置するのかは、まだわかっていない。また、頭骨より下の骨が見つかっていないので、二足歩行だったのかも謎である。トゥーマイ（チャド共和国語で「生命の希望」）とも呼ばれる。

600万年前

アルディピテクス・カダバ
（約580万～520万年前）
アルディピテクスがヒトとチンパンジーどちらに近い生命だったのかは意見が分かれている。

オロリン・トゥゲネンシス
（約600万年前）
二足歩行の可能性が高く、人類とチンパンジーの共通祖先に近いとされている。

500万年前

アルディピテクス・ラミドゥス
（約440万年前）

400万年前

ケニアントロプス・プラティオプス
（約350万～320万年前）
標本が少ないため詳しいことはわかっていないが、平たい顔が特徴である。

アウストラロピテクス・バルエルガザリ
（約360万～300万年前）

アウストラロピテクス・アナメンシス
（420万～390万年前）

アウストラロピテクス・アファレンシス
（約400万～280万年前）
アウストラロピテクスは、アフリカ全土で見つかっており、現生人類の祖先と考えられる。アファレンシスは、木に登ることもあるが、基本的には二足歩行で生活した。ただし脳はチンパンジーほどの大きさ。

300万年前

ホモ・ハビリス
（約220万～150万年前）
ヒト属の始まりで、アウストラロピテクス類に比べて脳が大きかった。石器と共に発見されることが多く、道具を器用に使っていたことがわかる。

アウストラロピテクス・ガルヒ
（約300万～200万年前）

アウストラロピテクス・アフリカヌス
（約300万～200万年前）
アファレンシスにそっくりだが、歯やあごはより発達していたという。

パラントロプス・エチオピクス
（約270万～230万年前）
エチオピクスは、アウストラロピテクス・アファレンシスの子孫と考えられているが、他の種との関連はわかっていない。パラントロプス類の奥歯は大きく、硬い食べ物を食すのに適していたが、その後の化石では見つかっていないため、絶滅したと考えられている。

イーストサイド物語とは？

1000万年前～500万年前、アフリカの大地溝帯が形成され始めた。この東側の乾燥したサバンナで人類の祖先の化石の多くが発見されている。森が縮小したことにより、そこに住んでいた類人猿が、サバンナに降りて食べ物を探すようになり、直立二足歩行や手の使用が始まったという。

脳が発達したと考えられている。類人猿と人類が分かれた過程ははっきりしないが、イーストサイド物語（左下写真）という仮説が有力である。

250万年前～120万年前にいたとされるパラントロプス属は、咀嚼器官が強く、頬骨が大きく広がっていた。その後、ホモ・エレクトゥス等の原人が登場する。原人は脳が大きく、獲物を引き裂く犬歯がその役割を失って退化しているのが特徴である。原人の中でも最初期に現れたとされるホモ・エルガステルは、より複雑な石器文化を持つようになった。現生人類のように背が高く、体のつくりも近いため、ホモ・サピエンスを含めて、ヒト属の祖先だったと考えられている。

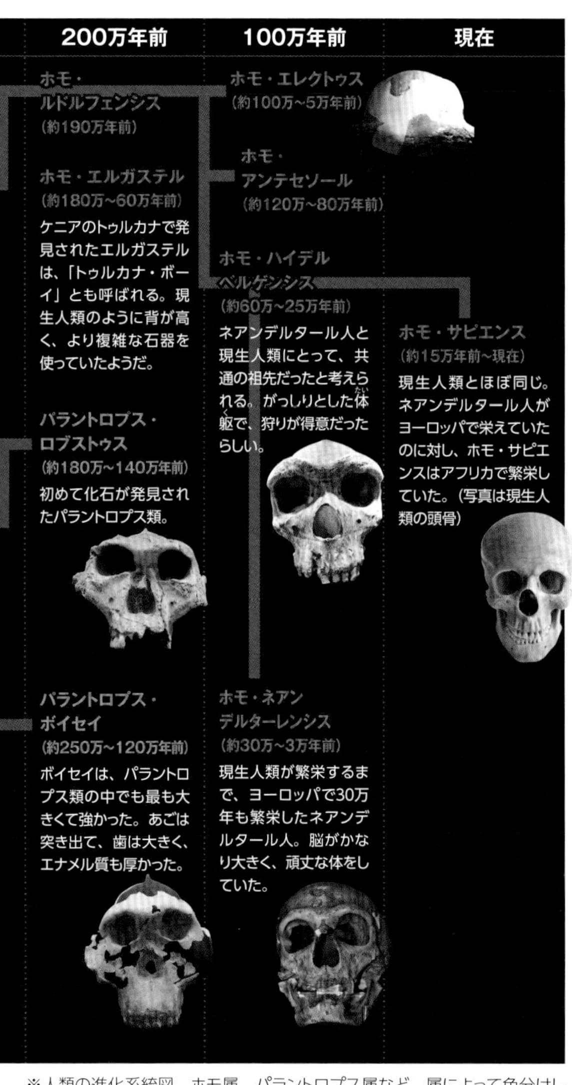

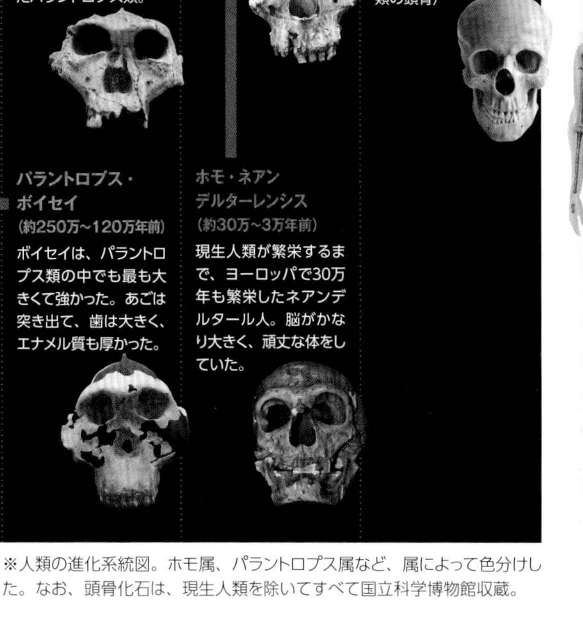

※人類の進化系統図。ホモ属、パラントロプス属など、属によって色分けした。なお、頭骨化石は、現生人類を除いてすべて国立科学博物館収蔵。

COLUMN 肉食系と草食系はいたのか?

パラントロプス属は、奥歯が大きく、サバンナに広がるイネの茎や根といった植物を食べていたと推測されていた。しかし、近年の研究では、たんぱく質が豊富な肉類や昆虫類も口にし、手に入らないときだけ、種子や植物に目を向けたと考えられている。我々の祖先で、石器の使用頻度の高いホモ・エルガステルも同時期に存在していたが、生き残ったのは、ホモ属のほうであった。

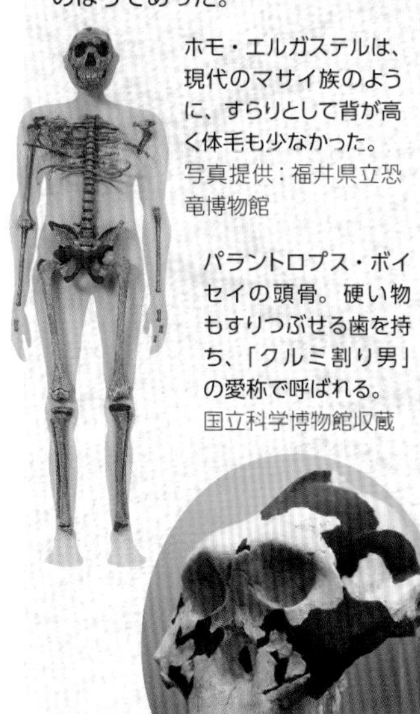

ホモ・エルガステルは、現代のマサイ族のように、すらりとして背が高く体毛も少なかった。
写真提供：福井県立恐竜博物館

パラントロプス・ボイセイの頭骨。硬い物もすりつぶせる歯を持ち、「クルミ割り男」の愛称で呼ばれる。
国立科学博物館収蔵

現生人類の生き残りを決めたものは？

カギは言語能力の差

30万年ほど前になると、現在のホモ・サピエンスに近いネアンデルタール人（ホモ・ネアンデルターレンシス）が現れる。ネアンデルタール人は、他の人類に比べると寒冷地に適応し、ヨーロッパの寒い環境で文明を築き、30万年以上にわたって繁栄した。彼らの脳頭蓋は現生人類のものより大きかったようだが、形が違う。額は上下幅が狭く、せり出していて、頭蓋は前後に長くて上下が短いものだった。また、複雑な石器をつくることができ、狩りの能力にも長けていたようだ。言語や芸術、宗教等、現生人類に通じる行動をしていたかはわかっていないが、一部の遺跡では儀式的な埋葬を行っていた痕跡も残っているという。

そして、およそ15万年前、現生人類のホモ・サピエンスが現れるが、不思議なことに4万年前を過ぎる頃になると、だんだんとネアンデルタール人の文化の跡が消え、これに変わりホモ・サピエンスの文化の跡が見られるようになった。なぜ、ネアンデルタール人は急に消えていったのだろうか。

その理由は、気候変動や他の人類集団との争い等諸説あるが、はっきりとした証拠はない。しかし、ネアンデルタール人とホモ・サピエンスの違いのひとつに、言語能力があるとする意見は多い。舌骨が見つかっていることから、ネアンデルタール人が何らかの言語を発していた可能性はあるが、ホモ・サピエンスのように複雑な言葉を話すことはできなかったようだ。ホモ・サピエンスは言葉を獲得したことによって抽象的な思考プロセスを身につけ、知能も発達したと考えられている。実際、ネアンデルタール人とホモ・サピエンスの石器を比べてみると、ホモ・サピエンスの方が精巧な

猿人〜現生人類の脳の進化

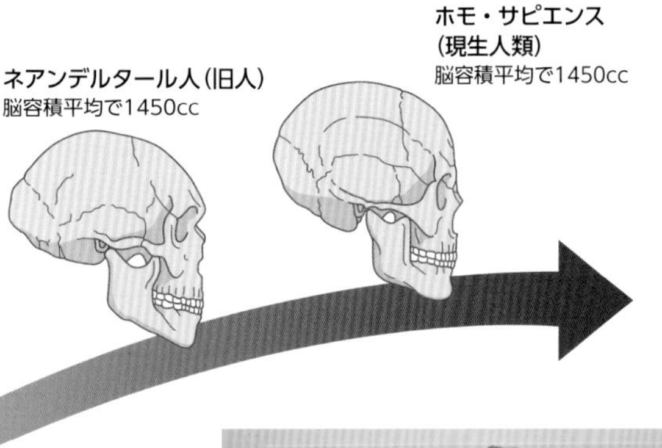

初期の石器

タンザニア北部のオルドヴァイ渓谷で多く見つかったオルドヴァイ型石器。約260万年前、玄武岩や石英等の礫を叩いてつくり出した単純な道具であったが、技術が必要なものだという。
国立科学博物館収蔵

ものになっている。また、集団内でのコミュニケーションがスムーズになることで、狩りの計画や準備等もはるかに社会的で効率がよかったはずだ。

この頃のヨーロッパは気候が非常に不安定で、知能や思考が少しでも発達したホモ・サピエンスが有利になり、両者の生き残りを決定づけたのかもしれない。

ネアンデルタール人と現生人類

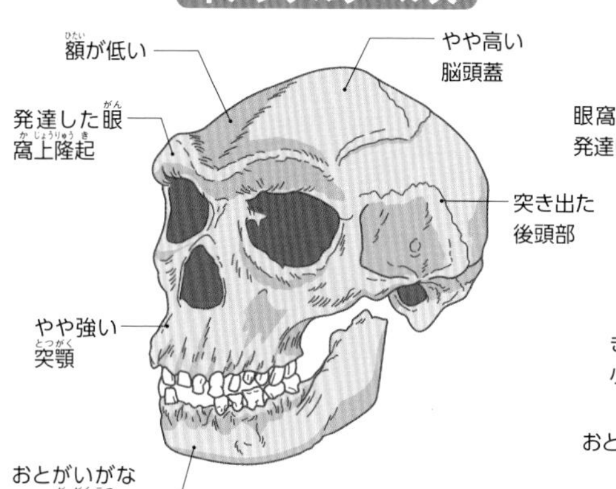

突顎とは、あごが前方へ突き出すこと。脳頭蓋は、頭骨の脳を覆う部分のこと。ネアンデルタール人は眼窩上隆起が発達する等原始的な特徴もあったが、ホモ・サピエンスは顔面がきゃしゃになり、頭骨の頑丈さもなくなっていった。

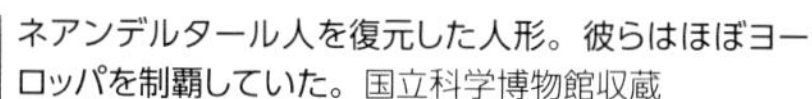

ネアンデルタール人を復元した人形。彼らはほぼヨーロッパを制覇していた。国立科学博物館収蔵

COLUMN 小さな人類・フローレス人

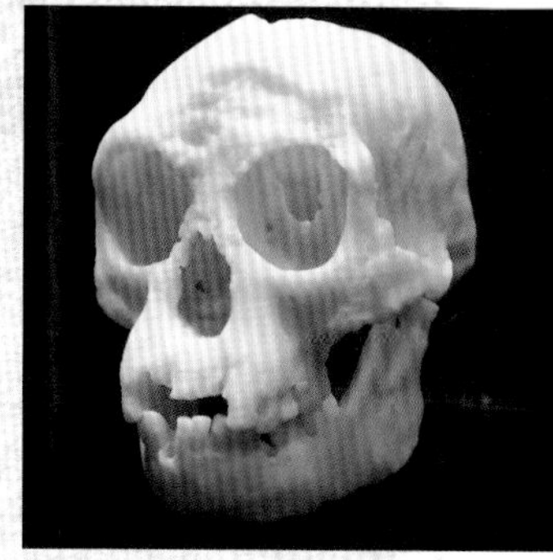

2003年、インドネシアのフローレス島・リャン・ブアの洞窟で発見された、ホモ・フロレシエンシスという小型原人。1mほどの背丈から、トールキンの指輪物語の登場人物になぞらえ「ホビット」と呼ばれる。脳も小さかったが、火や石器を使っていたらしい。

およそ1万2000年前まで生息していたと考えられているが、獰猛な動物の多い島へどうやって渡ったのか、身体が小型化したのはなぜか、いまだ研究が続いている。

国立科学博物館収蔵

石器時代の文化

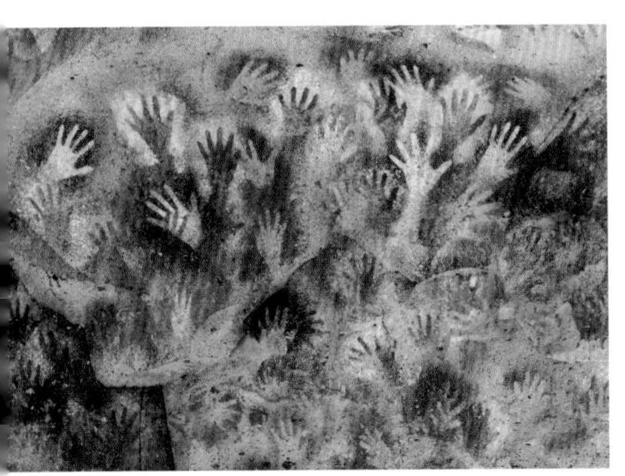

残された手形

アルゼンチンのサンタ・クルス州にあるクエバ・デ・ラス・マノス洞窟に残された9000年ほど前のヒトの手形。壁に手を押し当てて、顔料を吹き付けたと考えられる。

岩絵

アルジェリアのタッシリ・ナジェール国立公園にある岩絵。新石器時代のもので、狩猟の様子などが描かれる。

ヴィレンドルフのヴィーナス

オーストリアのヴィレンドルフで発見された、旧石器時代の小型像。石灰岩を使っており、豊穣や安全を願うお守りという説もあるが、目的はよくわかっていない。

国立科学博物館収蔵

マンモスの牙でできたクマ

ドイツ南部で見つかったマンモスの牙製の動物像。3万年前のもので、お守りとしてつくられたらしい。他にもライオンやマンモスなどがある。

国立科学博物館収蔵

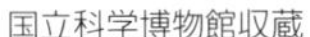

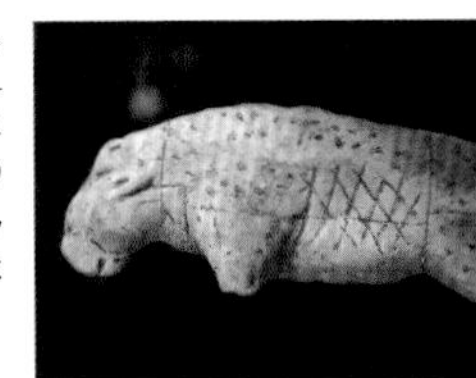

情報を残せる時代に突入

旧石器時代は、ホモ・ハビリス等、初期の人類が石を道具として利用したことから始まった。初期の石器・オルドヴァイ型石器（p.174）は単純な道具だが、技術が必要なので、岩の割れ方を十分に理解していたと思われる。最初期の石器は主に玄武岩、石英等の石をたたき、その剥片（石の塊を打ち欠いてはぎ取ったもの）を使っていた。ホモ・エレクトゥス以降は、握斧（ハンドアックス）を使い、木を切ったり、動物の皮をはいだりすることに使っていたようだ。ネアンデルタール人は、更にさまざまなタイプの石器を使い分けていた。

現在のフランスやスペイン周辺では、アルタミラやラスコーをはじめ、洞窟絵画が数多く発見されている。大部分は1万8000万年前頃、黄土や赤鉄鉱、炭等、天然の顔料を使って動物の姿を描いたりしたものらしい。後期中石器時代になると、儀式用の品や副葬品が多く残る共同墓地が現れる。石器の技術もさらに向上し、小さな石刃、骨や角でできた尖頭器、釣針が基盤となり、槍や矢につけて漁労や狩猟の道具にした。狩猟採集生活から農耕生活へ移行していった様子がわかる遺跡も発見されている。

この時代の遺跡からは貝塚が積み重なっているところから、人類は集団生活をして、地域共同体をつくり始めていたことがわかる。この共同体が後に文明にまで発展した。また、世界各地には、土器、土偶等たくさんの遺跡が残されていることから、宗教が生活の基盤になっていったのではないかとも考えられている。このように、道具や文化の痕跡から、その時代の人類の思考などがわかるのである。

第3部

地球と人類の未来

第7章 未来の地球

温暖化する地球

今後の地球を予測する

700万年前に登場した人類は、その後文明を手に入れ、繁栄していった。しかし、18世紀の産業革命以降、豊かさや便利さと引き替えに、私たちは多大なエネルギーを消費してきた。その影響といわれているのが、「地球温暖化」だ。そう遠くはない将来訪れるかもしれない環境変化について考えてみよう。

気温が上昇すると、降水パターンが変化し、中緯度地域では乾燥化が進む。長期間雨が降らない干ばつの状態が続くと、食糧確保や生物環境に影響が及ぶ。

すべての現象が一度に起こるかはわからないが、温暖化が進んだ地球をイメージした。

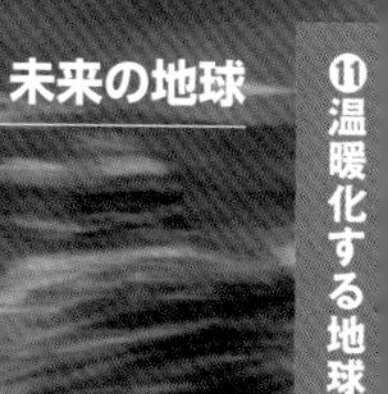

台風の発生数はあまり増えないが、温暖化が進むと海面水温が上昇し大気中の水蒸気の量が増え、大型台風の発生が増える可能性がある。

水は、温度が1℃上がると体積が0.02%ほど増える。海水温の上昇によって海は膨張し、世界の平均海面水位は、20世紀を通じて約17cm上昇したとみられている。また、世界各地の氷床がとけたことも原因のひとつである。

アジア大陸は全体的に気温が上昇し、気候変動が起こる可能性が高い。特に南アジア、東アジア、東南アジアでは、夏に集中的な豪雨や台風が起こり、洪水に発展する危険もある。

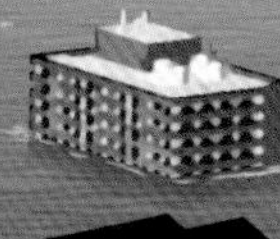

進行していく温暖化

10倍の速さで進む温暖化

18世紀から19世紀にかけてイギリスで起きた産業革命は、人類にとって一大転換点だった。機械化や工業化が進み、たくさんのエネルギーを使うようになった。この原動力となったのが、石炭や石油等の化石燃料である。燃料を燃やし続けた結果、ここ100年間の二酸化炭素濃度は急激に上がり、地球の平均気温は約0.7℃上昇している。この数字は小さいように思えるが、2万1000年前の最終氷期から次の間氷期(かんぴょうき)に移るまでの1万年間の気温が上昇するスピードの10倍以上の速さで温暖化が進行しているのだ。

地球温暖化が広く知られるようになったのは1988年のこと。アメリカの科学者ジェームズ・ハンセン博士がアメリカ上院の公聴会(こうちょうかい)で「地球の温暖化が進んでいる」と証言したことがきっかけだが、温暖化は人間の活動が関与しているのか疑問視する声もあり、長い間、論争の的になっていた。その議論に科学的な決着をつけたのが、2007年に発表された「気候変動に関する政府間パネル（IPCC）」第4次評価報告書だ。この中で、19世紀後半からの急激な温暖化は、人類の活動によるものだと結論づけている。

世界と大陸別の気温の変化

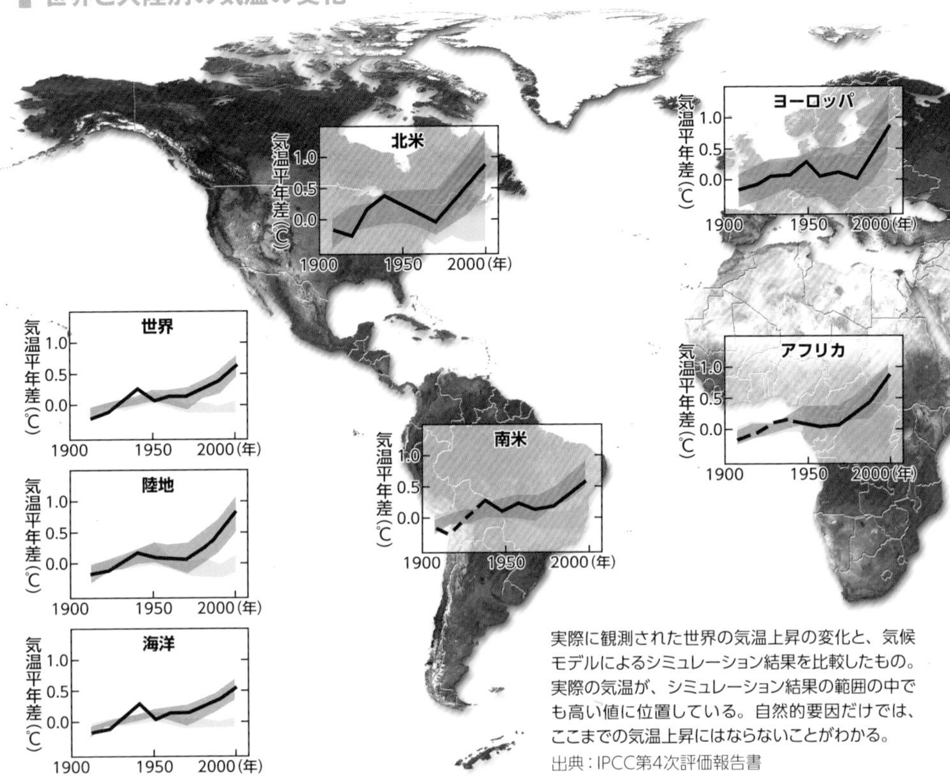

実際に観測された世界の気温上昇の変化と、気候モデルによるシミュレーション結果を比較したもの。実際の気温が、シミュレーション結果の範囲の中でも高い値に位置している。自然的要因だけでは、ここまでの気温上昇にはならないことがわかる。
出典：IPCC第4次評価報告書

21世紀末の気温予測

出典：IPCC第4次評価報告書

1980 ～ 1999年の気温を基準に、2090 ～ 2099年の気温上昇を予測（p.182の6つのシナリオの②の場合）。IPCC第4次報告書では、21世紀末には、夏場の北極で海氷がなくなる懸念も示されている。

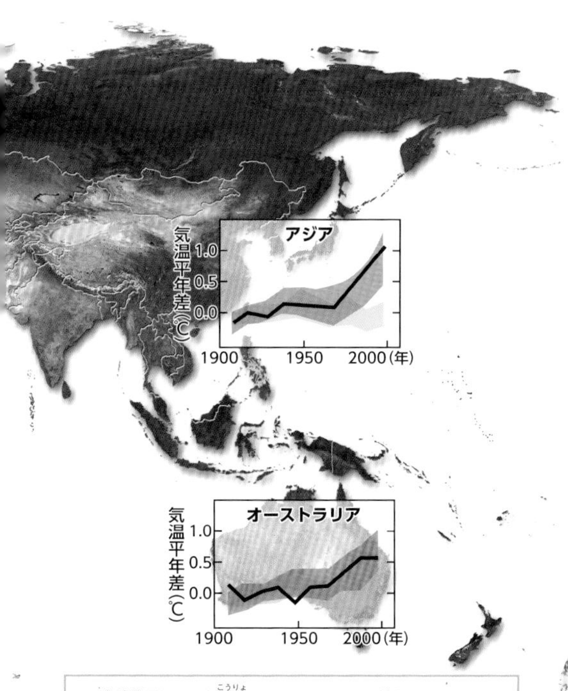

自然的要因のみを考慮(こうりょ)したシミュレーション結果
自然的要因と人為的要因の両方を考慮したシミュレーション結果
実際の観測データ

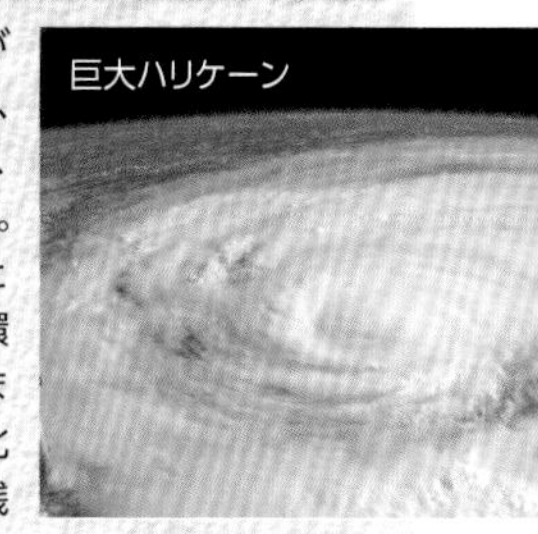

温暖化の影響が色濃く現れる場所は、北極圏やヒマラヤ、アルプス等の地域だ。気温が上昇すると氷がとけ、周辺環境が一変してしまうからである。北極圏では夏場に残る氷の面積が小さくなっており、ヒマラヤでは氷河が1年間に10～15mも後退している。他の地域でも異常気象が毎年のように報告されている。因果関係はまだはっきりしていないが、温暖化の影響である可能性も十分考えられる。

とける北極海の氷

人間と温暖化の関わり①

人間の活動が温暖化をもたらした

IPCC第4次評価報告書では、温暖化の原因を探るために、地球の大気や海洋等をモデル化した「気候システムモデル」を用いてコンピュータシミュレーションを行い、20世紀の気候変動を再現した。「世界と大陸別の気温の変化」図（p.180）を見ればわかるように、太陽の変動や火山活動の影響だけを考慮（こうりょ）して計算した場合は、実際の気温変化を再現することができなかったが、人間活動による影響も考慮すると、観測された気温の変化とぴったりと一致する結果になった。

地球温暖化の主な原因は、人間が大気中に排出した二酸化炭素だと考えられている。大気に排出された二酸化炭素のうち、半分ほどは植物の光合成に使われたり海水にとけたりするが、残りの半分は大気中に蓄積されていく。二酸化炭素の排出量は年々増えている。自然界の吸収能力を超えた二酸化炭素を出し続ければ、温暖化は更に進む。

また、二酸化炭素の他にもメタン、亜酸（あさん）化窒素（かちっそ）等が温室効果ガスとして知られており、これらのガスも工業化などにより排出量が増えている。

IPCC第4次評価報告書の中では、今後100年の地球環境変化の予測も行っている。それによると、2090～99年の地球の平均気温は、1980～99年までの平均に対して、一番低いシナリオでは1.1℃しか上昇しないが、一番高いものだと6.4℃も上昇するという結果になった。

予測の数値は単純に比べると5℃以上の差がある。この差は、私たちが今後、どのような生活をしていくかにかかっている。温暖化が進むと、北極圏の氷がとけ、海面水位が上がると考えられている。すると、小さな島や、オランダなどの海抜の低い地域が水没してしまう危険性がある。また、マラリアなどの感染症が発生する地域が北に広がったり、今まで獲（と）れていた作物が獲れなくなったりなどの影響が懸念されている。

現在、世界の国々は、地球の平均気温の上昇を産業革命前の水準と比べて2℃以内に抑えようとしている。2℃以内であっても、農作物や気候に影響を与えてしまうが、「経済発展もして、温暖化を進めないようにする」という、相反することを達成するために、バランスを取った目標となっている。

温室効果ガス排出量６つのシナリオ

経済成長が続く場合（A1）

21世紀に半ばに世界人口はピークに達し、減少するが、新技術が急速に導入されることにより、世界中の地域格差が広がっていく。その際重要視されるエネルギー源によって、下のように3つのシナリオに分かれる。

❶化石エネルギー源を重視（A1F1）
❷各エネルギー源のバランスを重視（A1B）
❸非化石エネルギー源を重視（A1T）

❹地域的経済発展が中心になる場合（A2）

地域ごとの独自性が保たれるが、国民1人あたりの経済成長や技術革新はスローになる。出生率の低下もゆるやかになる。

❺持続的発展型の場合（B1）

地域格差が少なく、人口は減少し、物質志向も低下。省資源の技術が導入され、持続可能な社会が重用視される。

❻地域共存型の場合（B2）

世界人口は②に比べて増加し、経済発展は中くらい。持続可能社会に向け、地域的な対策を重視する。

温暖化のしくみ

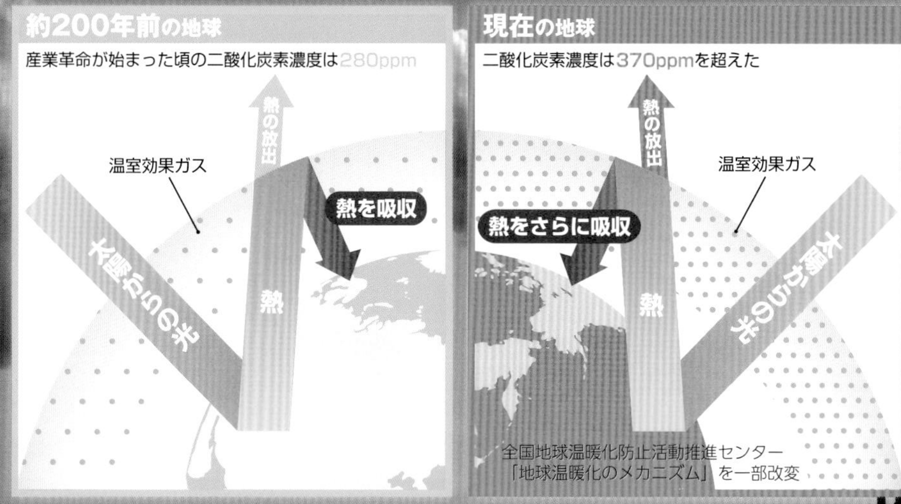

太陽エネルギーを吸収した地表からは赤外線が放射（ほうしゃ）され、宇宙空間に放出される。しかし、その一部は、大気中の水蒸気や二酸化炭素などに吸収され、地球を暖める。この効果が増えると、温暖化が進む。

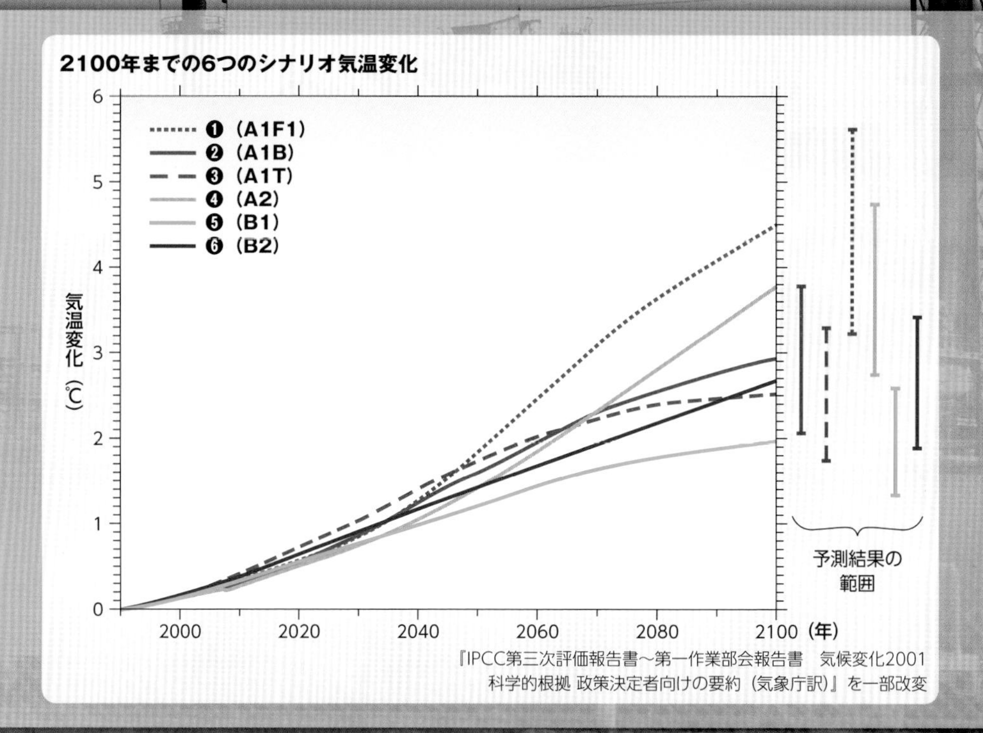

人間と温暖化の関わり②

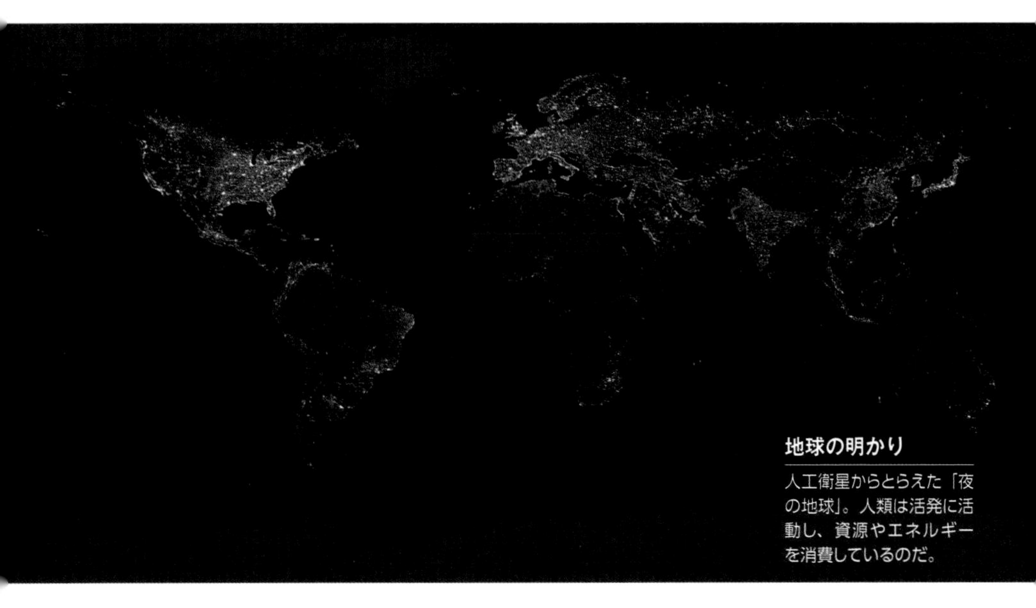

地球の明かり

人工衛星からとらえた「夜の地球」。人類は活発に活動し、資源やエネルギーを消費しているのだ。

生物に影響を与える環境変化

地球温暖化は人間の生活だけでなく、他の生物にも大きな影響を与える。まず、夏場の海氷が減っている北極圏では、ホッキョクグマの生活するスペースが減っている。アメリカ地質調査所（USGS）の調査によると、ここ10年ほどで、エサを求めて150kmもの距離を遠泳するホッキョクグマがよく観察されるようになったという。

また、沖縄などの海では造礁サンゴ（サンゴ礁をつくるサンゴ）の白化が目立つようになった。造礁サンゴの体内には、共生関係を築いていると考えられる褐虫藻という藻類がいる。海水温上昇等の環境の変化によってサンゴにストレスがかかると、褐虫藻を放出して白化してしまう。すぐに環境が戻ればサンゴは再び褐虫藻を取り込んで回復できるが、長く続いてしまうと、サンゴ自身が死んでしまう。サンゴの白化自体は珍しくはないが、大規模な白化現象は、温暖化の影響を受けて起きていることは間違いないだろうと考えられている。

このような目に見える変化以外にも、温暖化による気候や環境変化によって生物が受ける影響は計り知れない（右図）。IPCC第4次評価報告書では「地球の気温が1～3℃上昇すると20～30％の生物種が絶滅する」と予測している。過去の大量絶滅においても、その絶滅の速度は、1年あたり10～100種だったと考えられている。しかし、現代は1年間に4万種もの生物が絶滅しているという。

これは温暖化の影響だけでなく、人間が森林伐採、土地開発、生物の乱獲、農薬などの大量使用、廃棄物の投棄といった地球環境に大きな負担をかけ続けることによって起きている。地球温暖化は、人間が環境にかけた負担がわかりやすく現れている地球の傷の一部分にしかすぎない。

世界平均気温の変化が人間社会に与える可能性

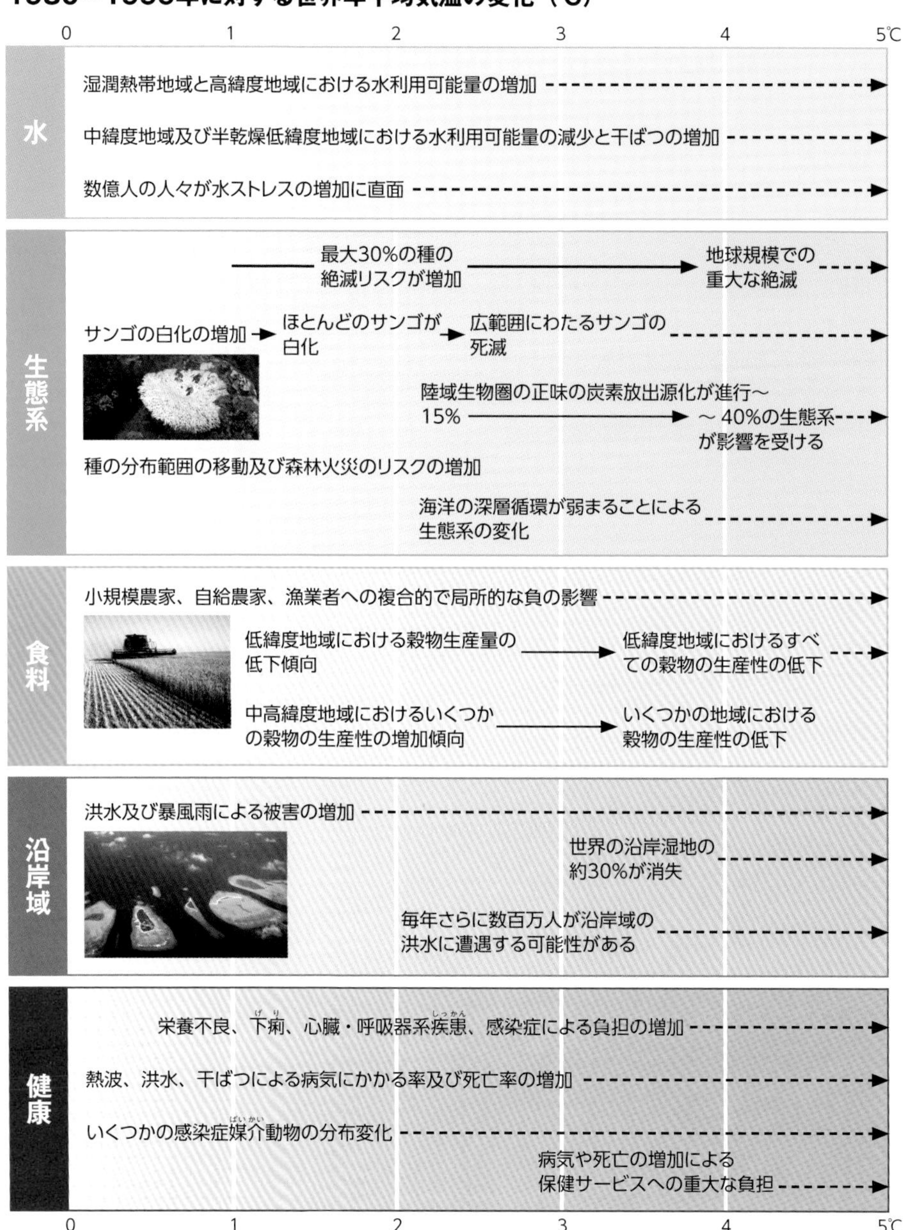

※気温が上昇したときどのような影響があるかを予測した図。点線は、今後どう変化するのか予測不能な範囲を表す。

※影響は、適応の程度、気温変化の速度、社会経済のシナリオによって異なる。

IPCC第4次評価報告書統合報告書政策決定者向け要約を一部改変

海が酸化する!?

海の生き物がいなくなる可能性も

海水は、酸素や二酸化炭素等の気体をたくさんとかし込んでいるが、気体が海水にとけ込む量は、海水の温度に左右されている。

一般的に海水温が低いと気体はたくさんとけ込み、海水温が高くなるととけ込める量は減る。温暖化により海水温が上昇すると、海水にとける酸素の量が減るので、海洋生物の酸欠を引き起こすかもしれない。

温暖化が生じると、海洋表層の水温が上がる。海洋は対流によって全体が混ざり合っているが、表層水温が上がると表層水の浮力が軽くなるため、海洋の中層や深層の水と混ざり合わなくなってしまう。そうなると、栄養分に富んだ海洋の中層・深層から表層に栄養が運ばれなくなるので、植物プランクトンによる生物生産活動が低下する恐れがあり、それをエサにしている多くの海洋生物にも影響が及ぶ可能性がある。また、大気中の二酸化炭素濃度が増加することによって、海水の酸性度が変化する海洋酸性化が進むものと予測されている。海水が酸性化すると、カルシウムの殻(から)をつくるプランクトンの殻やサンゴの骨格がとけてしまう恐れがあり、生態系への影響が懸念されている。

海の酸性化

ある研究によると、現在の海洋酸化は、過去3億年の中で最も早いペースで進んでいるという。

アジアとヨーロッパの間に位置する黒海。冷たく塩分の薄い表層水と、暖かく塩分の濃い深層水が混ざり合わないために貧酸素状態に陥る。現在は改善されつつあるが、このように貧酸素な海域を「デッドゾーン(死の水塊)」という。

北極のツンドラ。永久凍土がとけ、あちこちに湖ができている。永久凍土がとけると、メタン等が放出され、さらなる温暖化を招くだろう。

COLUMN 温暖化をどう防ぐ

化石燃料に頼らない社会へ

二酸化炭素やメタンをはじめとする温室効果ガスの排出を極力抑えるために、大きな工場や企業はもとより、一般家庭でも、エアコンの設定温度を見直したり、電気製品を省エネ対応のものに替えたりするなどの取り組みが推奨されている。

しかし、その取り組みにも限界がある。より根本的に問題を解決するためには、温室効果ガスを生みだす化石燃料に頼らない社会をつくる必要がある。2011年まではその柱として原子力発電が考えられていたが、福島第一原子力発電所の事故により、原子力発電は実質的に選択肢から外れてしまった。現在、大きな注目を集めているのが太陽光をはじめとする再生可能エネルギーの活用だ。ただ、再生可能エネルギーの多くはエネルギーの生産量にばらつきがあり、安定しないという欠点がある。それを補うために、蓄電池やIT技術などで補うスマートグリッドシステムも開発されている。

温暖期と寒冷期

地球は再び寒冷化する?

南極大陸やグリーンランドにある巨大な氷床には、地球大気の変化の歴史が記録されている。氷床を分析することで、過去約65万年間の大気の成分や気温の変化を知ることができるのだ。

いわば“地球の履歴書”ともいえるこの氷床を調べてみると、地球は、10万年周期で、寒冷な「氷期」と、比較的温暖な「間氷期」のサイクルを何度も繰り返してきたこと、大気中の二酸化炭素やメタンの濃度も気候の変化に同期して変化してきたことがわかった。

ちなみに、一般的に使われる「氷河期」というのは、最も近い時期（約7万～1万年前）の「最終氷期」のことを指すことが多い。また、現在は、最終氷期の後なので、「後氷期」とも呼ばれるが、これは現在の間氷期のことを指すものであり、いずれまた氷期（氷河期）を迎えることは、これまでの地球上の気候変動の歴史を見れば明らかである。

ただし、我々人間の活動によって上昇した現在の二酸化炭素やメタンの濃度は、過去65万年間で最高レベルにあり、その上昇スピードも過去の変化とは比較にならないほど速い。このような急激な地球の変化が、これまで続いてきた氷期～間氷期のサイクルを崩してしまう可能性もある。

温暖化が地球環境の将来にどのような影響を与えるのかについては、さらなる研究が必要である。

過去65万年の温室効果ガスの変化

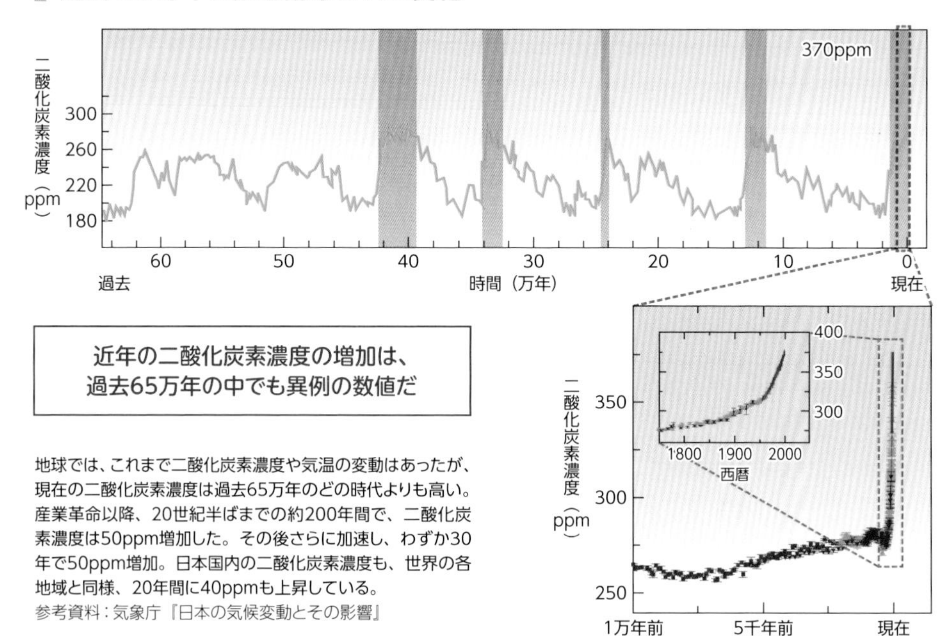

近年の二酸化炭素濃度の増加は、
過去65万年の中でも異例の数値だ

地球では、これまで二酸化炭素濃度や気温の変動はあったが、現在の二酸化炭素濃度は過去65万年のどの時代よりも高い。産業革命以降、20世紀半ばまでの約200年間で、二酸化炭素濃度は50ppm増加した。その後さらに加速し、わずか30年で50ppm増加。日本国内の二酸化炭素濃度も、世界の各地域と同様、20年間に40ppmも上昇している。

参考資料：気象庁『日本の気候変動とその影響』

アルゼンチンのロス・グラシアレス国立公園にあるスペガッツィーニ氷河。青い光を反射するため、美しいブルーになる。このように、地球には氷河が存在しており、私たちがまだ「氷河時代」にいることを実感させてくれる。

COLUMN 化石燃料はいつまで保つ?

資源は無限ではなく、石油は46年ほど、石炭は118年ほどで枯渇するといわれている。化石燃料が尽きれば、温室効果ガスの排出量は激減するので温暖化は解消される。しかし、地球は緻密なバランスによって成り立っている大きなシステムである。一度崩れてしまったバランスをもとに戻すのには時間がかかる。一説によると化石燃料の影響がなくなるまでには数万年から数十万年の時間を要するといわれている。

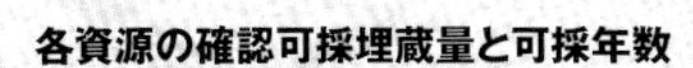

資源	確認可採埋蔵量	可採年数
石油	1兆3,832億バレル	46年
天然ガス	187.1兆立方メートル	59年間
石炭	8,609億トン	118年間

50年 100年

参考資料:BP Statistical Review of World Energy June 2011、IEA Coal Information 2011

12 これから起こる地殻変動

超巨大噴火の脅威

地球の特徴のひとつは「現在もなお地球内部が熱くて活発に活動している」ところにある。マントル対流が地表のプレートを動かし、火山の噴火を引き起こす。これまで見てきたように、現在の地球はその内部活動がつくり出したといえる。それでは、今後どのような変動が起こるのだろうか。

もし噴火によって山体が崩れたり、溶岩や火砕流が街に流れ込んだ場合、人家や道路の被害は甚大である。また、それらが河川や海に入った場合、水蒸気爆発等の二次災害を引き起こす。

火山からは、溶岩流だけでなく、火山灰や有毒な火山ガス等、さまざまな物質がもたらされる。

必ず起こる巨大噴火

大きな被害を生む火山噴火

地球の歴史を振り返ってみると、火山活動が気候を変化させ、生物の生活環境を変えてしまうことがよくある。地殻の下にはマントルがあり、対流運動を行っている。そして、そのマントルを構成している岩石がとけたマグマが、溶岩として地表に噴き出す。

日本は火山国なので、私たちは火山噴火のニュースを頻繁に耳にする。火山は、温泉等私たちに恩恵を与えてくれるが、ひとたび噴火を起こすと、甚大な被害をもたらす。

例えば、1991年に発生したフィリピン・ピナツボ火山の噴火では、なんと東京ドーム3000個分にあたる、約5km^{3}のマグマが噴出した。また、数十km上空に舞い上がった火山ガスの成分が化学反応を起こし、エアロゾルの微粒子となって滞留。それによって地球の気温は低下し、オゾン層も破壊された。

だが、過去においては、これより大きな巨大噴火（破局噴火）が何度も発生していた。約9万年前、熊本県の阿蘇カルデラでは200km^{3}もの大量のマグマが噴出するという、日本最大級の噴火が起きた。この噴火による火砕流は九州全域をほぼ覆いつくしてしまい、中には山口県のあたりまで届いたものもあるという。さらに、火山灰が日本全土を埋めつくした。

このような巨大噴火を起こす火山は世界中にあり、しかも阿蘇カルデラよりも巨大な噴火をもたらすものも多い。巨大噴火は今すぐ起きるかどうかはわからないが、今後も必ず起きると考えられている。その影響は全世界におよび、人類に計り知れない被害を与えることになるだろう。

20世紀最大級のピナツボ火山の噴火は、1991年の4月頃から始まり、6月にピークを迎えた。その噴煙は、高さ25kmにも及んだという。

AFP=時事

阿蘇カルデラは、過去4回にわたって起こった巨大噴火によって形成された。9万年前の噴火では、200km^{3}ものマグマが噴出。

アメリカのイエローストーン国立公園。200万年前、ここで2500km^{3}の溶岩が噴出した。このような巨大噴火（破局噴火）を起こす火山を「スーパーボルケーノ」という。

COLUMN 「火山の冬」で地球は急速に寒冷化

巨大噴火は火砕流や火山灰等によって大きな被害をもたらす。だが、影響はそれだけではない。噴火では同時に大量の火山ガスが発生する。火山ガスの大半は水蒸気と二酸化炭素だが、それ以外にも硫化水素や二酸化硫黄など硫黄を含む成分がある。このような硫黄を含む成分は、大気中を漂っているうちに、太陽光と化学反応を起こし硫酸エアロゾルという微粒子に変化する。

巨大噴火でこのような微粒子が大量に発生すると、数年間にわたって地球を覆う層になって、太陽光を反射したり、オゾン層を破壊して、地球は寒冷化する。

このような現象を「火山の冬」と呼ぶ。

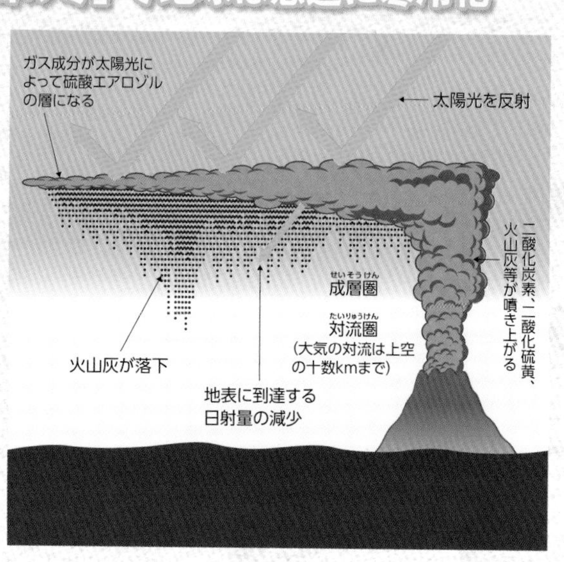

2億5000万年後の超大陸

1億5000万年後の大陸配置

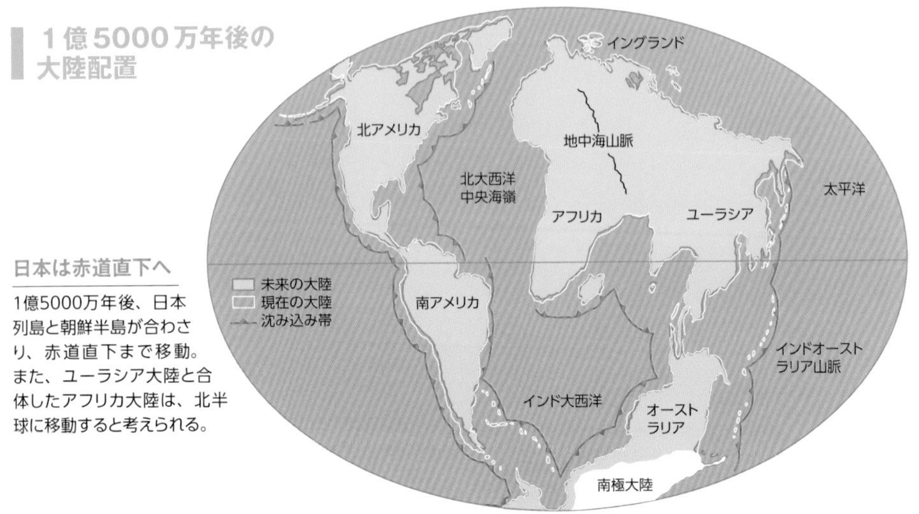

日本は赤道直下へ

1億5000万年後、日本列島と朝鮮半島が合わさり、赤道直下まで移動。また、ユーラシア大陸と合体したアフリカ大陸は、北半球に移動すると考えられる。

2億5000万年後の大陸配置

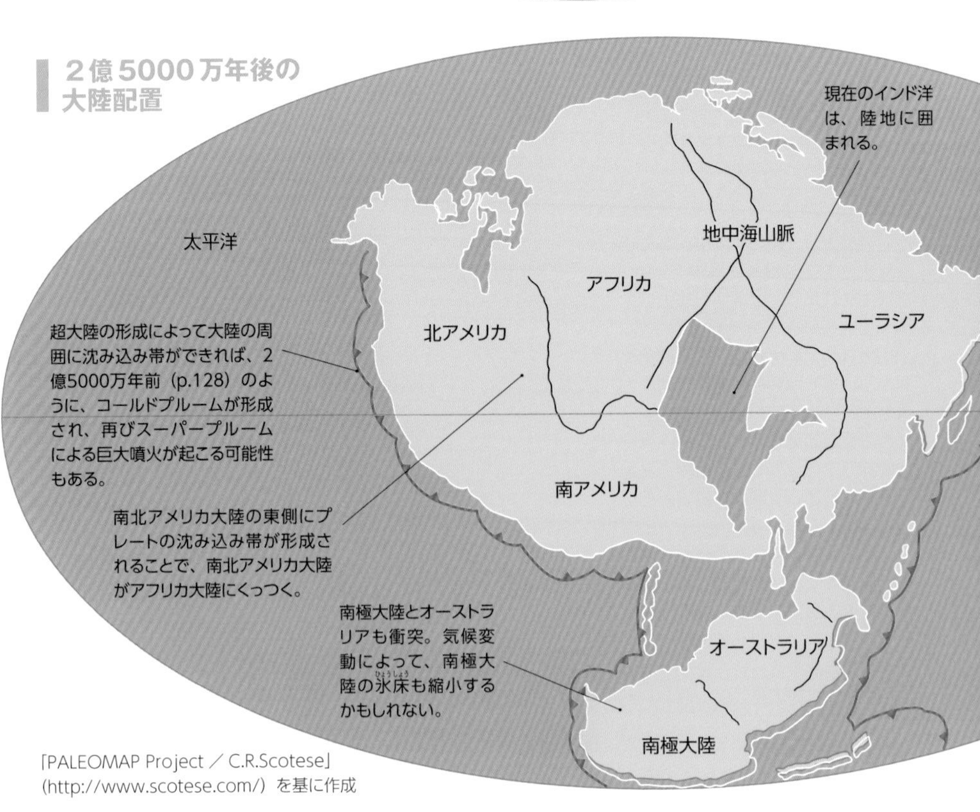

「PALEOMAP Project ／ C.R.Scotese」
（http://www.scotese.com/）を基に作成

大陸は再び1つになる?

地球の表面を取り巻くプレートは、今も少しずつ動いている。そして、プレートの上に乗っている大陸も、その動きにあわせて移動している。長い地球の歴史の中では大陸は数億年の周期で、集合と分散を繰り返してきた。

現在、地球上の大陸は、南北アメリカ、ユーラシア、アフリカ、オーストラリア、南極に分かれているが、アルフレッド・ウェゲナーの「大陸移動説」で提唱されたように、2億5000万年前には、これらの大陸が1カ所に集まって超大陸「パンゲア」を形成していた。

地球の大陸移動のサイクルから考えると、今から2億～2億5000万年後には再び超大陸をつくることになると予想される。

地球のプレートの動きは、カーナビにも使われているGPSによって正確に測定されており、プレートは1年に数cmという非常にゆっくりしたスピードで動いている。この動きをもとに、今後現れると予想されているのが超大陸「パンゲア・ウルティマ」である。

このシナリオでは、まず、アフリカ大陸が現在のヨーロッパの部分に衝突し、地中海やカスピ海等が消滅する。そして、南北アメリカ大陸の東側にプレートの沈み込み帯が形成されることで、南北アメリカ大陸がアフリカ大陸にくっついてしまう。ユーラシア大陸の東側に目を向けると、日本は朝鮮半島と合体して、日本半島になる。そして、南極大陸とオーストラリア大陸が1つの大陸になってから、最終的に東アジアの方に迫ってくると考えられている。パンゲア・ウルティマの中心部分には、現在のインド洋が他の大陸に囲まれた、大きな内海になるという。

しかし、超大陸形成に関しては研究者によって意見が分かれている。ここに紹介したのは、あくまでもひとつの例である。

アイスランドのシングベトリル国立公園はユーラシアプレートと北米プレートの境目にあり、大地の裂け目が見える。

未来の大陸
現在の大陸
沈み込み帯

パンゲア・ウルティマ

ユーラシア大陸に向かって大陸が集合、現在のインド洋は陸地に囲まれると予想されている。日本は南半球に移動し、超大陸には山脈ができる。気候にも大きな変化があるかもしれない。しかし、こうして完成したパンゲア・ウルティマも、いずれまた分裂し、新たな大陸を形成することになるだろう。

地球上の大陸はこれからも集合と分散を繰り返すので、また超大陸をつくることはほぼ間違いない。だが、どのような超大陸をつくるのかについては、議論が分かれている。パンゲア・ウルティマのシナリオでは、南北アメリカ大陸がヨーロッパ側に近づき、アフリカ大陸とぶつかると予想しているが、北アメリカ大陸が東アジア側にぶつかるというシナリオも考えられている。このシナリオで大陸衝突が進んだときに現れるのが「超大陸アメイジア」である。

13 地球の運命

ハビタブルゾーンから外れた地球

今後、太陽はどんどん明るさを増し、地球はハビタブルゾーン（生命生存可能領域）から外れていく。海の水は蒸発し、生命の生存は不可能になるだろう。私たちは目撃者になることはできないが、未来の地球について予測してみよう。

地球が受け取る日射量が現在の1.1倍になると、成層圏（せいそうけん）の水蒸気量が増大し、太陽からの紫外線によって分解され、水素が宇宙空間へ逃げてしまう。最終的には海の水がすべて失われてしまうだろう。

太陽の誕生直後の明るさは現在の70%ほどだった。しかし、時間とともに徐々に明るくなるにつれ、地球の太陽から受け取るエネルギーは過剰になる。

明るさを増す太陽

暴走温室限界

惑星に届くエネルギーが過剰になると、水はすべて蒸発してしまい、最終的には岩石までも融解し、地表はマグマオーシャンになってしまう。このような状態を「暴走温室状態」と呼ぶ。

水星

金星

太陽

太陽の明るさが地球の運命を決める

地球は表面に液体の水をたたえ、たくさんの生命を育む命の星である。だが、このようにたくさんの生物が暮らせるような環境が生まれたのは、ある意味でとても幸運なことなのだ。

生命が誕生するためには液体の水が必要であるが、地球の位置が太陽に対して近すぎても、遠すぎても現在のような姿にはならなかった。

惑星に液体の水が存在するためには、地球の表面温度が0〜374℃の範囲に入っていないといけない。この温度が実現可能な範囲のことをハビタブルゾーン（生命生存可能領域）という（p.52）。ハビタブルゾーンより太陽に近すぎると、温度が高くなりすぎて水は蒸発してしまい、遠すぎると凍りついてしまう。

また、液体の水を保ち続けるためには、大気の存在も重要である。地球は太陽の光の30％を反射し、70％を吸収している。温められた地面から放出された赤外線の一部を大気が吸収し、それによって地面がますます温められる結果、気温が上昇する。もし大気がなかったら、地球の気温はおよ

15～25億年後、地球はハビタブルゾーン外へ

太陽はだんだんと明るくなっていることから、15～25億年後には地球はハビタブルゾーンの内側限界を超えてしまうと考えられる。地球は現在よりもたくさんの熱を受け取ることになるだろう。

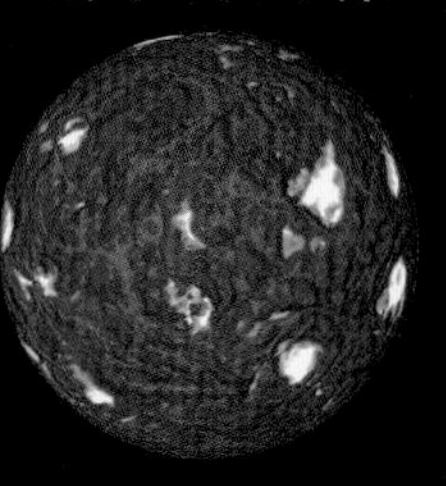

温室効果限界

火星よりもさらに外側は、大気を温めてくれる二酸化炭素の温室効果はあまり有効に働かなくなるため、惑星の表面は凍りついてしまうことも考えられる。

地球

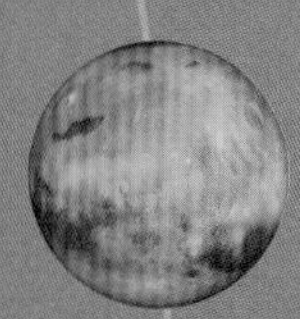

火星

ハビタブルゾーン

そマイナス40℃になるという。

ハビタブルゾーンは、太陽の明るさによって動いていく。太陽ができたばかりの頃は、現在の約70％の明るさで、だんだんと明るくなってきたので、それにあわせてハビタブルゾーンも動いている。太陽が明るくなるにつれて、徐々に外側に移動するようになるのだ。

やがて、地球はハビタブルゾーンの外側に出てしまう。そうなれば、地球上では液体の水が保持できなくなり、生命が生きていけるような環境もなくなってしまうと考えられる。

地球生命圏の最期

寿命はどれくらいなのか?

星に寿命があるように、地球の生命圏にもどうやら寿命があるようだ。地球では今、人間の活動によって地球史上まれにみる速さで二酸化炭素濃度が増加しており、温暖化が進行しているが、化石燃料を使い果たすと、二酸化炭素濃度は減少に転じる。

二酸化炭素濃度が低くなると、植物の光合成が難しくなり、やがてすべての植物の光合成が止まってしまう。植物が光合成をしなくなると、他の生物の食料や活動に必要な酸素が生み出されなくなるので、地球上のほぼ全ての生物が絶滅することになる。

このような状況は、おそらく9億年後にはやってくるだろうと予想されている。地球に生命が誕生したのが約40億年前なので、地球の生命圏は、寿命の80％を過ぎた老年期に入ったという見方もできる。

さらにp.198でも紹介したように、太陽が明るさを増していくと、地球にも大きな変化が起こる。地球が受け取る日射量が10％増えるだけで、成層圏中にある水蒸気が急激に増える。この水蒸気は太陽からの紫外線で分解され、そのときにできた水素が、宇宙空間に逃げてしまう。

これまで地球の表面にとどまっていた水は、水素としてどんどん宇宙空間に放出されるので、海の水はだんだんと少なくなっていく。この状態を「湿潤温室状態」といい、地球は15億年後にこの状態を迎えると考えられている。そして、25億年後には地

植物絶滅のシナリオ

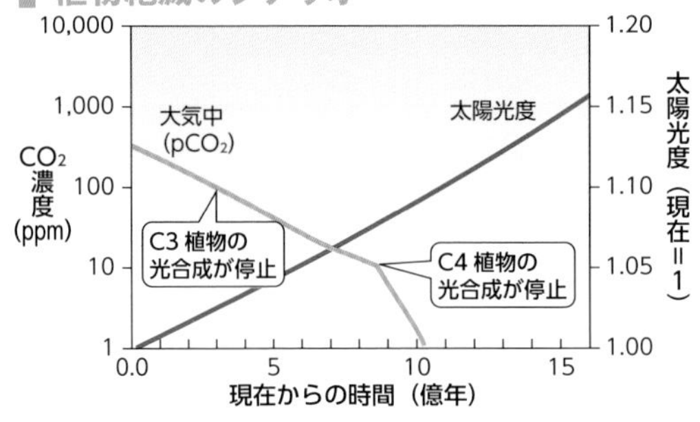

生命絶滅のシナリオ

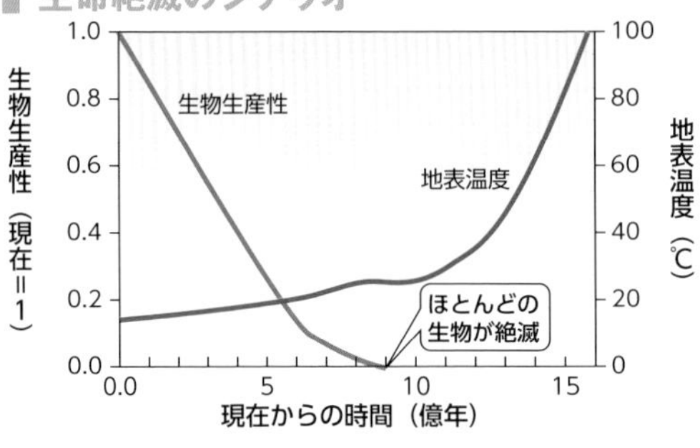

【Caldeira,K. and J. F. Kasting(1992)】を基に作成

植物は、光合成で大気中の二酸化炭素を固定することで成長するが、環境中の二酸化炭素濃度が低下すると、光合成が困難になる。光合成の経路の違いにより、左グラフのようにイネやコムギ等はC3植物、トウモロコシやサトウキビ等はC4植物に分類される。

植物の光合成が停止すれば、化学合成細菌以外のほとんどの生物種は、食物がなくなるために絶滅してしまうだろう。

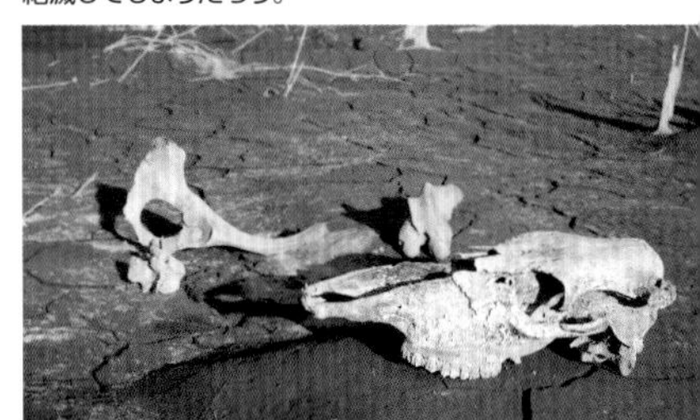

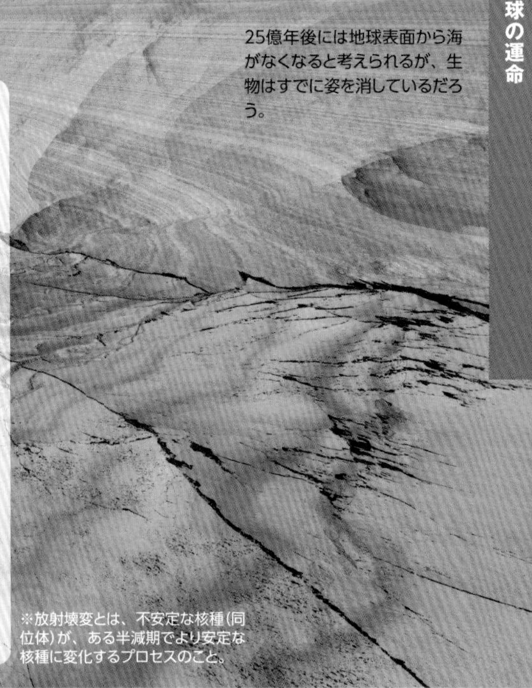

25億年後には地球表面から海がなくなると考えられるが、生物はすでに姿を消しているだろう。

球表面から海が消えてしまう。生命を育む海が消えてしまうことで、地球は名実ともにハビタブル（生存可能）な惑星（わくせい）ではなくなる。

一方、地球の内部では現在でも放射性元素の放射壊変(※)が起こっており、その発熱によって地球内部はなかなか冷えずにマントル対流が続いている。

しかし、いずれは地球内部も冷えて、現在の月のようになっていくことだろう。そうなれば、火山活動も起こらず、物質循環も停止することになる。

ただし、地球内部の冷却によって火山活動が停止するよりも、太陽が明るくなって、地球が金星のような環境になってしまう方が先であると考えられている。

※放射壊変とは、不安定な核種(同位体)が、ある半減期でより安定な核種に変化するプロセスのこと。

COLUMN 人類はいつ滅亡する?

地球の生命圏の寿命があと9億年だとしても、それまで人類が生き残っているという可能性はきわめて低い。現在、地球上では人類が繁栄をきわめているが、かつての恐竜のように突然絶滅してしまうかもしれない。

人類が絶滅する原因として可能性が高いものは、感染症の世界的な大流行（パンデミック）である。1918年から1919年にかけて世界中でインフルエンザが大流行したスペインかぜでは、世界人口の50％が感染し、25％が発症したといわれる。そして、全世界で4000万～5000万人が死亡した極めて大規模なものだった。

2002年から2003年には新型のSARSウイルスが急速に広がりパンデミックの危険が叫ばれたが、その前に抑えることができた。現在は、交通機関が発達し、世界中で人や物が行き来している。そのような状況でパンデミックが起これば、スペインかぜとは比べものにならないくらいの被害が出てもおかしくない。他にも、核戦争や小惑星の衝突等、人類が絶滅する要因は数多く考えられる。

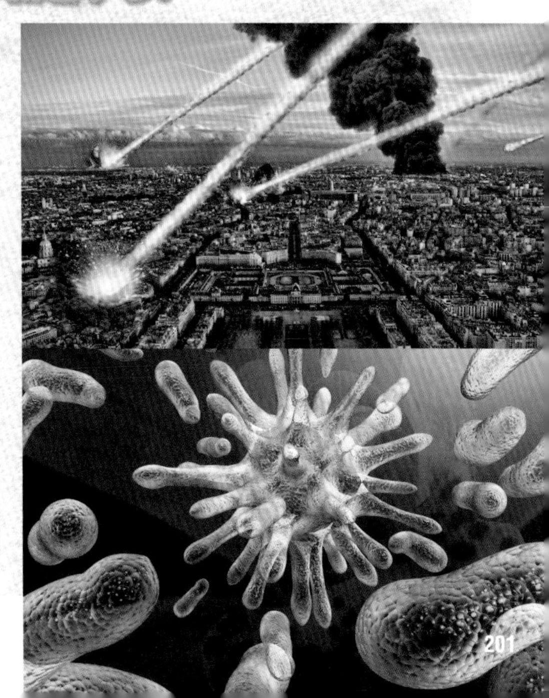

太陽の運命、宇宙の最期

太陽と宇宙はどうなるのか

太陽は、おそらくあと50億年は核融合反応で輝く主系列星のままだと考えられているが、その後は膨張して赤色巨星となり、現在の100倍以上の大きさになるという。その先は、いったいどのような姿になっていくのか、太陽と宇宙の将来について見てみよう。

地球と月。このとき地球にはすでに生命はおらず、内部も冷えてしまっているだろう。

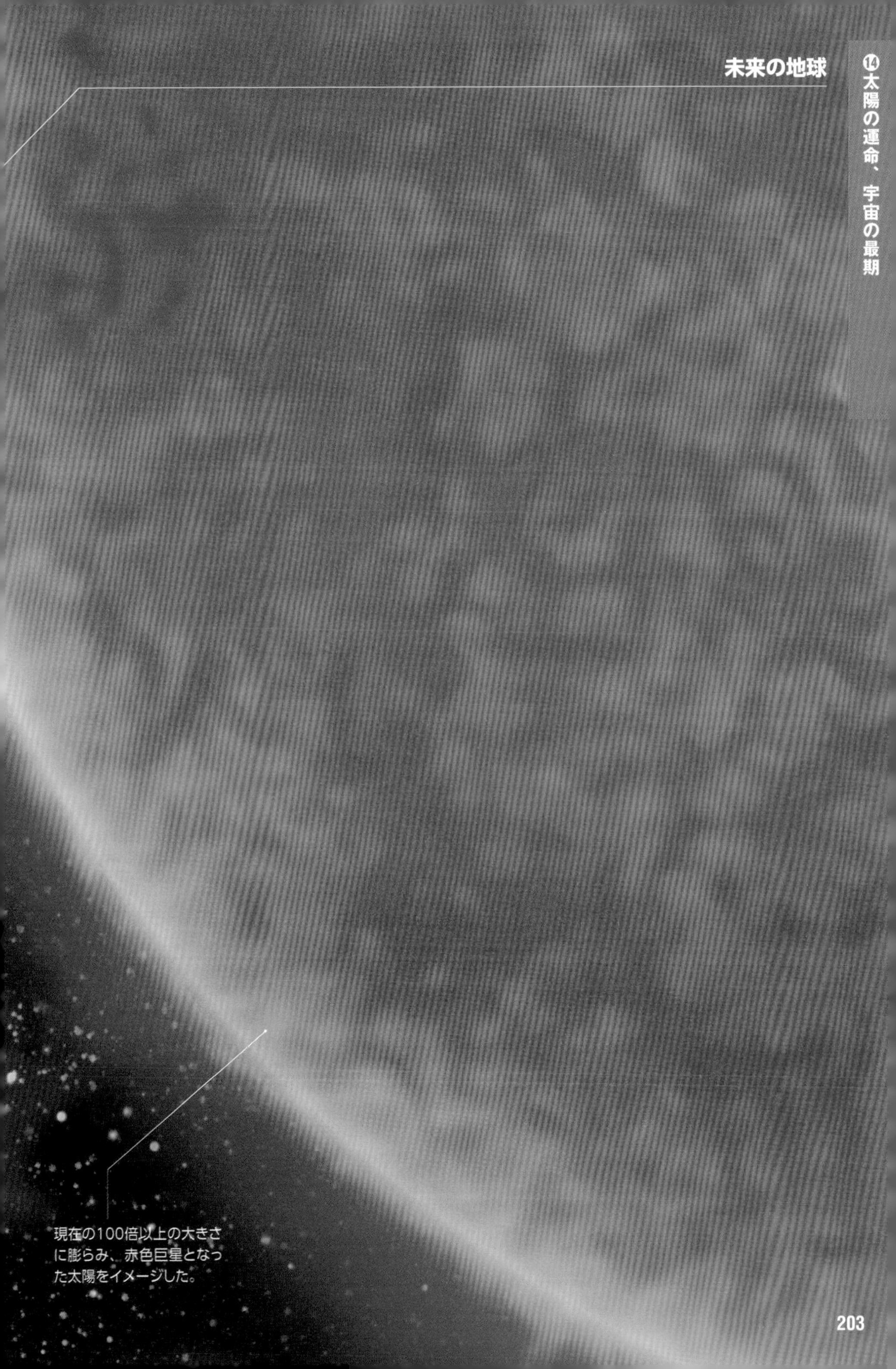

現在の100倍以上の大きさに膨らみ、赤色巨星となった太陽をイメージした。

老化する太陽

現在の太陽

太陽のプロミネンス

太陽の下層大気で、皆既日食のとき等、太陽の縁から赤い炎のように見える。

核融合のエネルギー

恒星は水素やヘリウムがたくさん集まった天体である。高温高圧状態の中心部において、水素やヘリウムを核融合させてたくさんの熱や光を出している。現在の太陽は水素を燃料に使っている。

赤色巨星

赤色巨星の中でも、特に直径が大きいものを赤色超巨星という。太陽質量の10倍以上の場合に赤色超巨星になる。

地球から見た赤色巨星の予想図

膨張する星

太陽が中心部にある水素を使いきると、次はヘリウムで核融合をするようになる。ヘリウムの核融合は水素よりもたくさんのエネルギーを出すのでどんどん膨張する。

やがて冷える太陽

たくさんのエネルギーを放出している太陽も、やがては死を迎える。太陽をはじめ、恒星には寿命があり、それを決めるのは恒星の重さである。重い恒星は寿命が短く、軽い恒星になるほど寿命は長くなる。恒星は重いほど重力が大きくなるので、中心部を圧縮する力が強くなり、核融合が激しく進むためである。

地球では生命が誕生するまでに数億年程度の時間がかかっているので、もし、太陽系以外で生命が誕生して進化するとしたら、恒星の寿命は10億年以上必要だと考えられる。また、恒星は、誕生してからずっと同じ明るさを維持しているのではなく、時間が経つにつれて明るくなっていく。恒星の一生の9割を占める主系列とよばれる安定した状態の間に、明るさはおよそ2～3倍にもなる。その間、ハビタブルゾーンは徐々に外側に移っていくので、せっかく恒星の寿命が10億年以上あっても、惑星がハビタブルゾーンに入っている期間はこれより短くなる場合もある。

太陽の場合、寿命はおよそ100億年であると考えられている。誕生からすでに46億年経過しているが、あと50億年は安定して輝くと見られている。では、これからどのようなプロセスをたどるのだろうか。まず、時間の経過とともに明るさを増していき、やがて赤色巨星に変わる。赤色巨星になると直径が現在の約100倍以上になる。そして、太陽の重さの星では、水素の次の燃料となるヘリウムを使いつくすとそれ以上核融合が進まなくなり、最後は白色矮星となって冷えていく。質量が太陽の0.08倍以下の場合には最初から核融合が起きないので、恒星とは区別して褐色矮星と呼んでいる。

惑星状星雲

白色矮星

光り輝くガス雲

太陽は核融合を終えると、急激に収縮し白色矮星になる。誕生したばかりの白色矮星は強い紫外線を放つので、周りにあるガスをプラズマ化してしてしまう。この光り輝くガス雲が、惑星状星雲である。

晩年の星

白色矮星はだんだんと表面が冷えていき、同時に周りにあったガス雲もなくなってしまう。白色矮星は、大きさは地球と同じくらいだが、密度が1cm^{3}あたり数トンにもなる天体である。これ以降は、ただひたすら冷却するだけの進化をたどる。

14 太陽の運命、宇宙の最期

宇宙はどうなってゆくのか

ブラックホールのイメージ図。銀河系の中心部には、超大質量ブラックホールが形成される傾向があることがわかってきた。

最終的にはバラバラに?

1つひとつの恒星がそれぞれどのような運命をたどるのかは、質量によって異なる。質量次第で、最終的に白色矮星、中性子星、ブラックホール等になる。

太陽の8倍以上の質量がある恒星は、一生を終えるときに超新星爆発を起こし、中性子星やブラックホールになっていく。さらに、私たちの銀河系を含むほとんどの銀河の中心には、太陽質量の10万倍〜100億倍もの超大質量ブラックホールが存在しているらしいことがわかっている。

宇宙がこれからどうなるかについて、明らかになっていることはまだ少ない。しかし、最近の観測によって、宇宙の膨張が時間とともに加速していることが発見され、2011年のノーベル物理学賞を受賞した。加速がどんどん進むと、いずれはあまりの加速膨張によって、宇宙に存在するあらゆる物質は引き裂かれて、素粒子にまでバラバラになってしまう「ビッグ・リップ」によって宇宙が終わる、と考える研究者もいる。

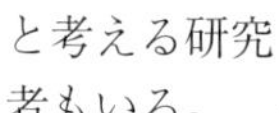

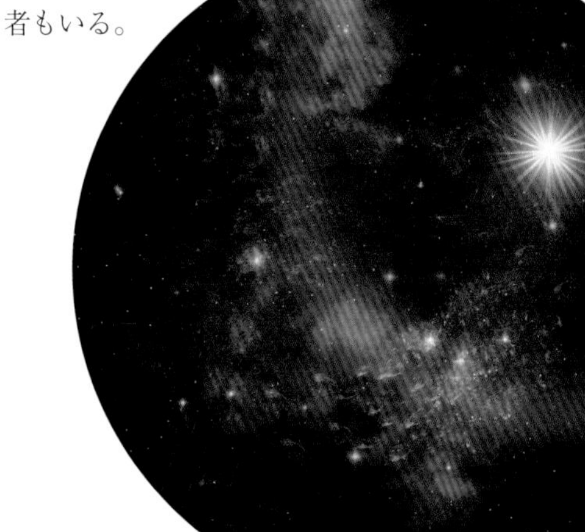

星が生まれてから死ぬまで

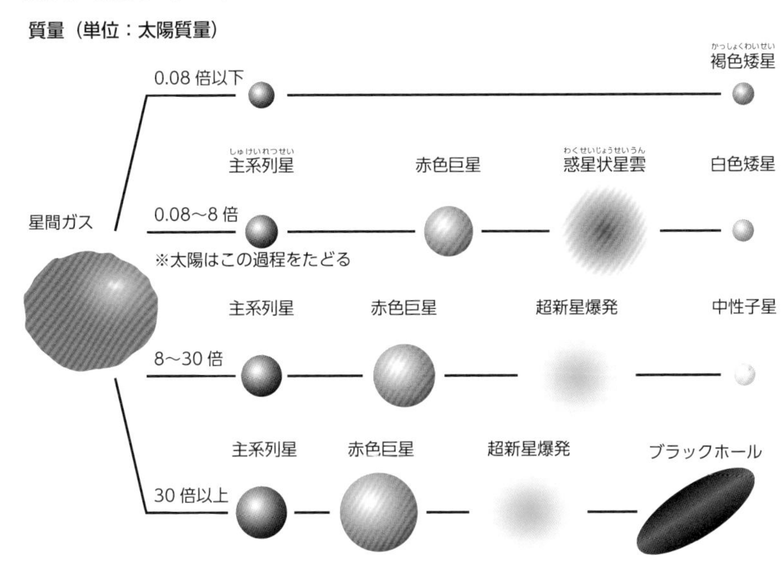

恒星の一生は質量によって異なる。太陽質量の0.08倍以下だと核融合反応が起こらずに褐色矮星になってしまう。太陽質量の0.08 ～ 8倍の星は太陽と同じ運命（最終的に白色矮星になる）をたどる。太陽質量の8倍以上の星は最後に超新星爆発を起こして中性子星に、太陽質量の30倍以上の星は超新星爆発後にブラックホールになってしまう。

COLUMN 白色矮星の超新星爆発

白色矮星は恒星が燃えつきた後の姿であるが、この白色矮星が超新星爆発を起こす場合がある。それがIa型超新星と呼ばれるもので、遠く離れた場所でも観測できるくらい明るい光を出す。そのため、宇宙の距離を測るのによく使われている。

Ia型超新星は、連星系（2つの恒星が互いに引力を及ぼし合って軌道運動している天体）をなす白色矮星の質量が、相手の恒星から降り積もったガスによって増加し、ある限界を超えると自らの重力による収縮を支えきれなくなることで、中心核における炭素の核融合反応が暴走、大爆発を起こす現象である。爆発時の質量が一定のため、明るさ（絶対等級）の最大値も一定となることから、標準光源（距離を推定する際に用いられる天体）として使われている。

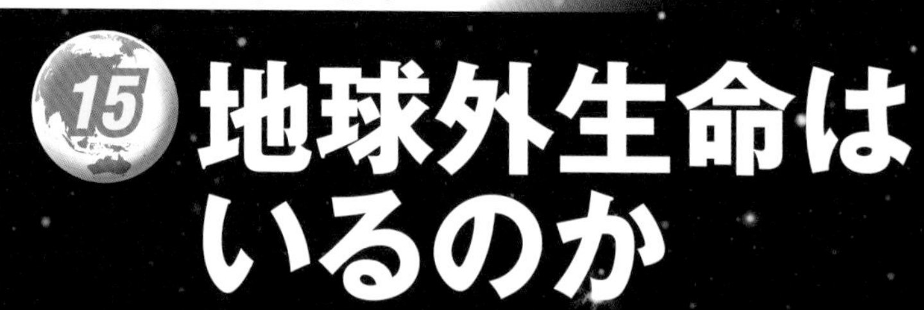

15 地球外生命はいるのか

生命が存在する可能性

「地球外生命」と聞くと、「宇宙人」を想像するだろう。そのような高度な文明を持った生命の存在を確かめることは難しいが、宇宙にはバクテリア等に類似の「生命」が存在している可能性は十分考えられる。

系外惑星系のハビタブルゾーンに形成された惑星のイメージ図。大陸地殻があったとしても、表面はすべて海で覆われている可能性もある。

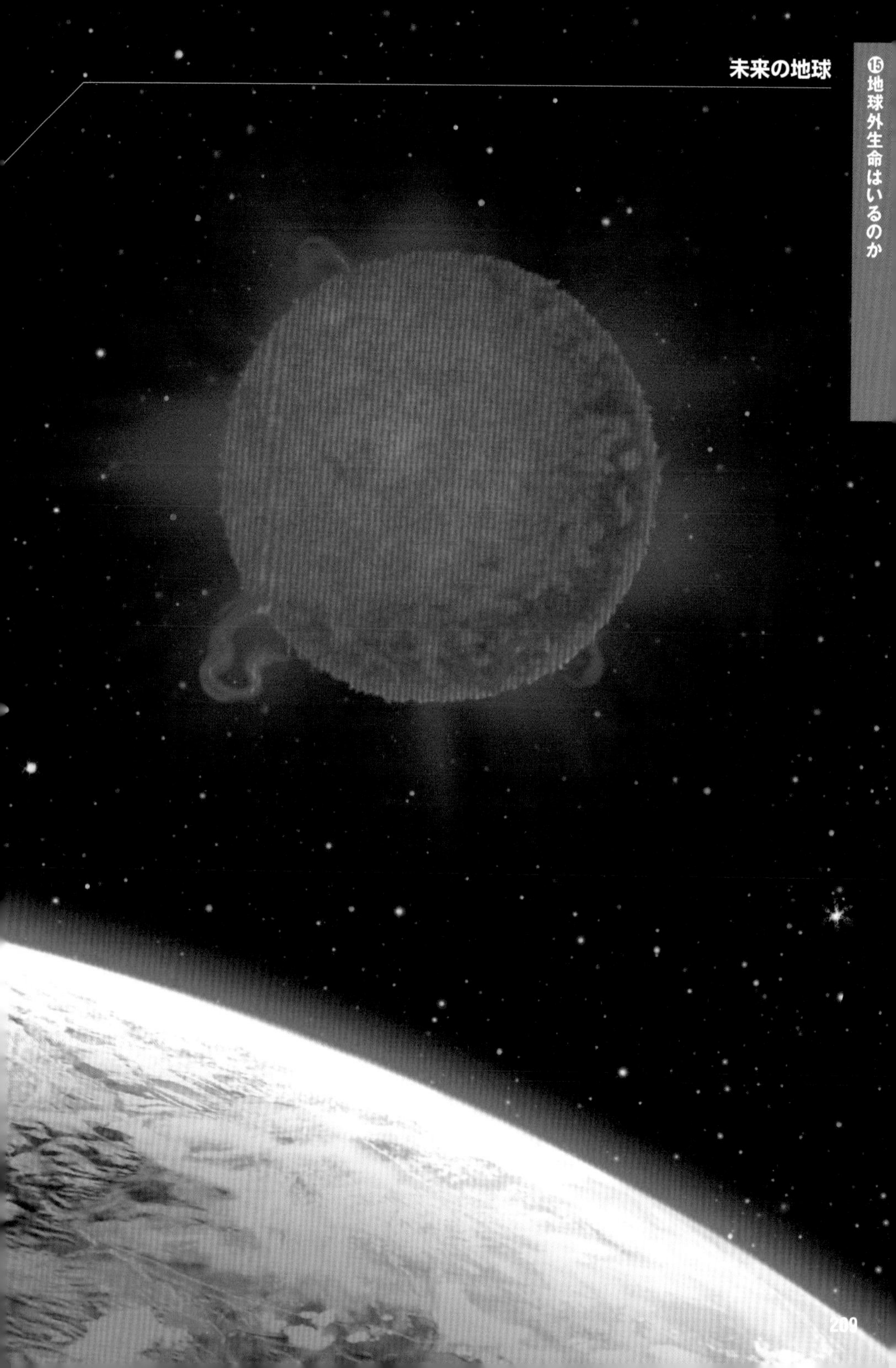

太陽系外惑星の発見

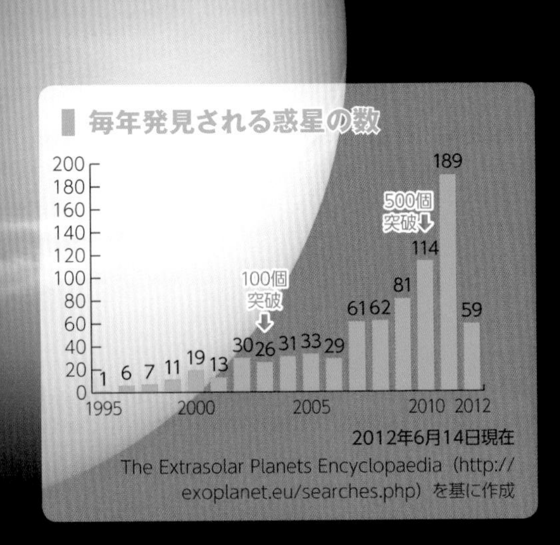

2012年6月14日現在
The Extrasolar Planets Encyclopaedia（http://exoplanet.eu/searches.php）を基に作成

ケプラー 22系と太陽系の比較

地球型惑星の発見

NASAのケプラー宇宙望遠鏡によって、太陽に似た恒星を周回する「ケプラー 22b」という太陽系外惑星が発見された。大きさは地球の2.4倍ほどで、大気の温室効果が地球並みならば、平均気温は22℃。惑星の組成はわかっていないが、液体の水が存在する可能性があるという。

「Kepler-22b - Comfortably Circling within the Habitable Zone」NASA/Ames/JPL-Caltechを一部改変

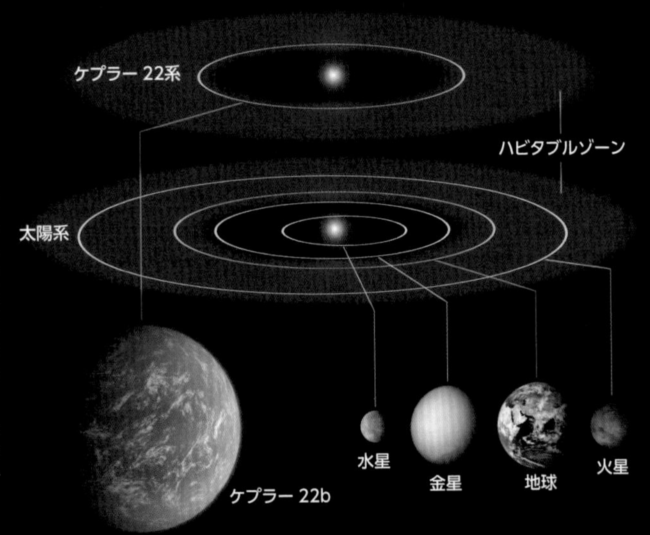

まだ誰も知らない惑星

惑星は太陽のような恒星と違って自ら光を出さないので、これまで望遠鏡で観測することができなかったが、観測手法の工夫と技術の向上により、太陽系以外の惑星を発見することが可能になってきた。太陽系外惑星を初めてとらえることに成功したのは1995年のこと。それ以来、2012年7月までに約800個の系外惑星が発見されている。

かつて、人間は地球に一番近い恒星である太陽を特別な存在と考えていた。しかし、天文学の発展によって、太陽は宇宙に数多くある恒星の1つだということがわかってきた。宇宙に恒星がたくさん存在するのであれば、その周囲に惑星系が存在してもおかしくない。

質量は木星の0.7倍、直径は1.4倍のホットジュピター「オシリス」の想像図。蒸発した大気によって彗星のような尾があるとされる。

これまで発見された系外惑星の中には、木星ほどの大きさで、主星に非常に近い軌道を回るホットジュピターと呼ばれるものや、公転軌道がとても細長い楕円軌道で、恒星に近づく灼熱期と、遠ざかる極寒期を繰り返すエキセントリックプラネット等、太陽系に存在しない惑星もある。例えば、ホットジュピターの1つであるオシリスは、表面温度が1200℃で1秒間に1万トンものガスを放出しているために、彗星のように尾をたなびかせているという。また、太陽系外惑星系には、地球の数倍程度の質量を持つスーパーアースも発見されている。他にも、主星の自転方向と逆行して公転する逆行惑星等さまざまな惑星が存在している。

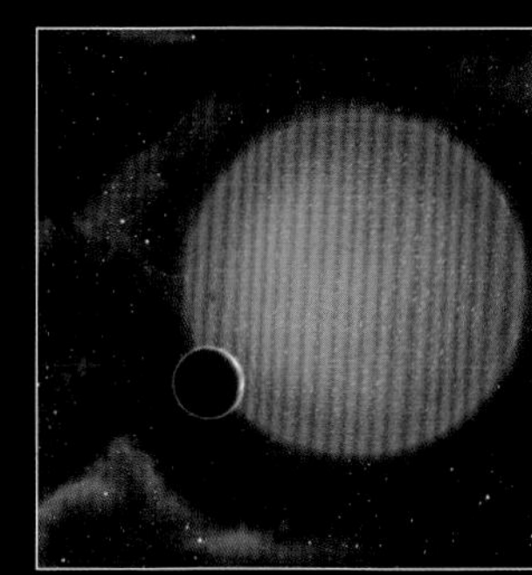

09年に発見されたスーパーアース「GJ1214 b」の想像図。水と岩石で構成され、大気の存在も確認されている。

COLUMN どうやって惑星を見つけるのか？

ドップラー分光法

見えない惑星

青方偏移

星が近づく場合は光の波長が短い（青方偏移）。

赤方偏移

星から遠ざかっている場合は光の波長が長く延びる（赤方偏移）。

位置測定法

惑星が星の周囲を回ったときに生じる、恒星のわずかなふらつきを観測。

トランジット法

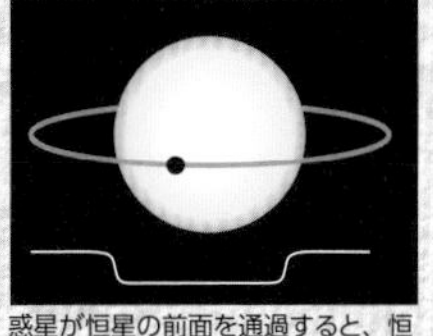

惑星が恒星の前面を通過すると、恒星の光が一部遮られ暗くなる。

自ら光を出さない太陽系外惑星を観測するのは大変難しい。惑星は恒星からの光を反射するものの、恒星の明るさは圧倒的であるため、主星の光に埋もれてしまってよく見えないからだ。

そこで、系外惑星を探すために使われたのが、恒星のふらつきを観測する方法だった。恒星は、周囲を公転する惑星の影響で微妙にふらついている。このふらつきをドップラー効果や位置測定法で観測するのである。また、惑星が恒星の前を通過すると、惑星の影になって恒星が少し暗くなることを利用するトランジット法等もある。最近では、近赤外線等で系外惑星の写真を直接撮影するという方法も試みられている。

地球外生命の可能性

私たちは彼らに出合えるか

人類が長年抱いてきた「地球外生命はいるのだろうか？」という疑問。この問いに科学が応えられる時代が来るかもしれない。生命が誕生するためには、エネルギー、水、有機物の3つの要素が必要だ。地球はその3つの要素がそろったために、生命が誕生し、今、私たちが存在する。

地球以外で、生命がいる可能性が最も高いと考えられているのが火星である。火星は地球と同じように太陽系のハビタブルゾーンの中に入っている可能性があるうえに、1996年には火星からやってきた隕石(いんせき)から生命の痕跡(こんせき)らしきものが発見されている。また、初期の火星に液体の水が存在した痕跡も見つかっているので、今後の探査結果次第では、微生物等が発見される可能性もある。

火星の他にも、木星の衛星エウロパや土星の衛星エンケラドゥスには、液体の水が存在している。一方、土星の衛星タイタンには、北極の近くに液体のメタンがたたえられた湖がある。液体の水やメタンがあれば、生命が誕生する可能性も考えられなく

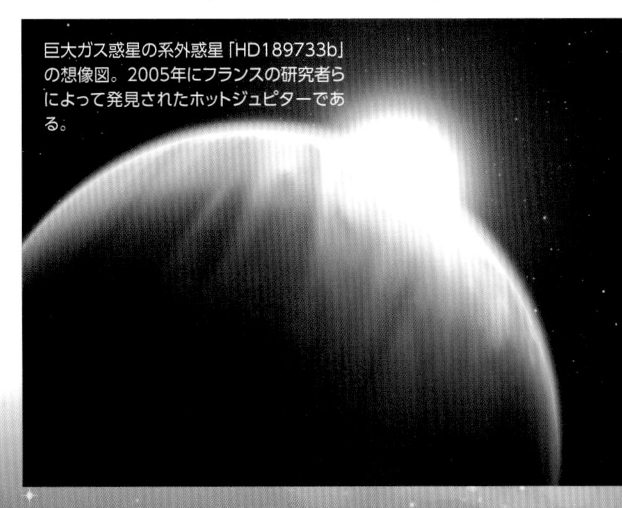
巨大ガス惑星の系外惑星「HD189733b」の想像図。2005年にフランスの研究者らによって発見されたホットジュピターである。

地球外生命はいる――ドレイクの方程式

$$N = R^* \times f_p \times n_e \times f_l \times f_i \times f_c \times L$$

N：銀河系内に存在する知的文明の数
R^*：銀河系内で星が誕生する速度（1年間に誕生する星の個数）
f_p：その星が惑星系を持つ割合
n_e：惑星の数
f_l：生命が存在することが可能な惑星の割合
f_i：高度な文明を持つまでに進化するような生命体がその惑星上に誕生する割合
f_c：その生命体が他の天体との交信を行えるだけの高度な文明を持つ割合
L：そのような文明の寿命

はない。

太陽系外の惑星の中にも、ハビタブルゾーン内部に軌道を持つ岩石惑星が見つかってきた。このような惑星は現在までに4つ見つかっているが、今後たくさん発見されるであろうことは確実である。

たとえ地球外生命が存在したとしても、それらは地球上の生命と似ているかどうかはわからない。しかし、宇宙のどこかに生命が存在している可能性はかなり高いと考えられている。

アメリカの天文学者フランク・ドレイクは、銀河系に存在する知的文明の数がどのくらいあるかを計算する「ドレイクの方程式」を考案した。この方程式にそれぞれの項目に当てはまる数値を入れれば、人類にコンタクトする可能性のある知的文明の数が計算できる。それぞれの項目にどのような数値を入れるかは、理論や観測データ、考え方等で大きく違ってくるが、この方程式は、私たちが地球外生命と出合う可能性がゼロではないことを感じさせてくれる。

土星の衛星タイタンの地表には、メタンの湖が存在していることがわかった。(青い部分はその痕跡を擬似的に色づけしたもの)

木星の衛星エウロパには、地表面から約50kmの深さに内部海が存在していることが知られている。最近、地表面から3～5kmの深さに湖が存在していることもわかり、生命の存在に期待が高まっている。

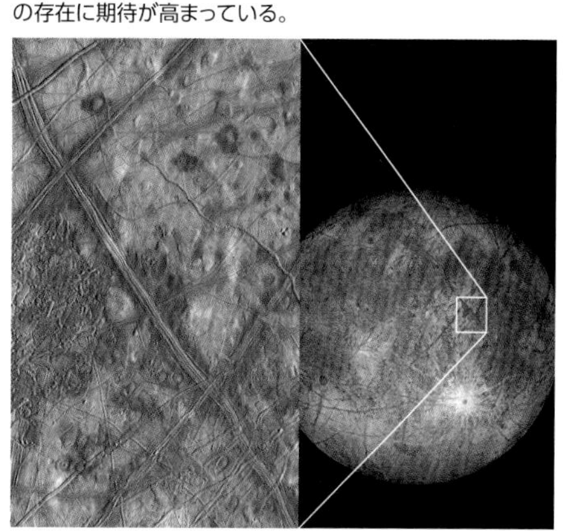

COLUMN

地球外知的生命体は実在するか？

地球人のような知的生命体、そして文明は宇宙に存在するのだろうか。天文学部の一分野に「SETI（Search for Extra-Terrestrial Intelligence＝地球外知的生命探査）」というプロジェクトがあり、地球外知的生命体を探す試みが行われている。

フランク・ドレイクが1960年、アメリカ国立電波天文台の電波望遠鏡を使って知的生命体を探し始めたことをきっかけにSETIは始まった。SETIでは主に電波やレーザーを使った観測、探査が行われ、地球外知的生命から発信される電波を探す方法が採られている。今までに100以上のSETIプロジェクトが進められてきたが、現在のところ地球外知的生命体がいるとする確実な証拠はない。

SETI協会とカリフォルニア大学バークレー校が共同運用する電波干渉計。

宇宙に挑む人類

月面探査プロジェクト

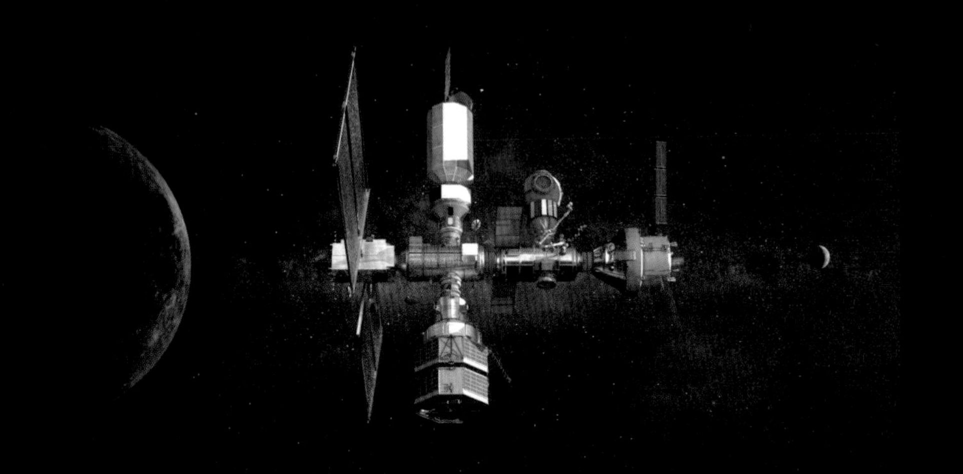

月と地球を結ぶ中継点として建設が予定されている月周回有人ステーション「ゲートウェイ（Gateway）」のイメージ図。宇宙飛行士はここを拠点に月探査などを行う。また、火星探査を視野に入れた技術実証や各種実験施設としても活用されていく。

アルテミス計画では宇宙船「オリオン（Orion）」による有人月探査が重要なミッションとして位置付けられている。2022年12月、オリオンは無人で月を周回する26日間の試験飛行を終えて地球に帰還し、今後は有人飛行に向けて撮影画像などの分析が行われていく。

オリオンを乗せて宇宙に打ち上げられたNASAの新型ロケット「SLS（Space Launch System）」。アルテミス計画などのために開発され、今後も探査機などの打ち上げに使われる予定。

約25キロと非常に軽い超小型人工衛星「キャップストーン（CAPSTONE）」。アルテミス計画で重要な位置付けにある有人ステーション「ゲートウェイ」建設に向けた技術実証のために、NASAが2022年に打ち上げた。

火星探査プロジェクト

2012年8月に火星に着陸した探査車「キュリオシティ(Curiosity)」が撮影した火星表面の様子。火星特有の赤い地表が見てとれる。キュリオシティは火星での生命存在の痕跡を探すために打ち上げられた。

衛星や探査機が次々打ち上がる時代

今後、宇宙探査はどのように進むだろう。有人探査分野においては、月面の有人探査に注目が集まっている。

50年ほど前のアポロ計画では、人間は何度か月の上に立ったものの、その後月面有人探査は行われていない。しかし、2000年代に入るとアメリカ、ロシア、中国、ヨーロッパ、インド、日本等で月探査が進められるようになった。たとえばアメリカ主導によるアルテミス計画では、宇宙飛行士の月面着陸はもとより、月を周回する新しい宇宙ステーション「ゲートウェイ」の建設なども計画されている。また、中国は「嫦娥(じょうが)計画」という国家的月探査計画を進めており、人類の月面長期滞在を目指している。

ただし、どの国においても月探査プロジェクトには莫大な資金が必要で、その進行には各国の政治情勢が大きく絡む。そのため、今後それぞれのプロジェクトが計画通りに進むかどうかは不透明な面もある。

月の有人探査と併せて注目されているのが火星の有人探査だ。火星は太陽系惑星の中で地球に一番似ている惑星で、地球以外で唯一、人が住める可能性がある。アメリカの探査車「キュリオシティ」「パーサヴィアランス」、アラブ首長国連邦の探査機「ホープ」、中国の探査機「天問(てんもん)1号」などがすでに火星着陸を成功させており、着実に有人探査に向けた技術の向上が進んでいる。今後さらに火星のサンプルリターンなども成功すれば、火星移住に向けた研究も進んでいくだろう。

月探査にせよ火星探査にせよ、従来の探査プロジェクトは主に国会機関主導で行われており、かかる資金も莫大だ。そこで近年、積極的に打ち上げられているのが超小型衛星や小型探査機だ。製造コストや打ち上げコストが圧倒的に安く、開発期間も短い。そのため、今後も積極的に宇宙探査に活用される見込みで、そこで得られた多くの情報は一般にも開かれ、さまざまなサービスとして利活用されていくことが予想される。

さくいん

A～Z

あ

い

う

え

お

ち

つ

て

と

な

に

ね

の

は

ひ

ふ

へ

ほ

ま

み

む

め

も

ゆ

よ

ら

り

れ

ろ

わ

参考文献

- 『凍った地球――スノーボールアースと生命進化の物語』田近英一著（新潮社）
- 『大気の進化46億年 O_2とCO_2―酸素と二酸化炭素の不思議な関係―』田近英一著（技術評論社）
- 『地球環境46億年の大変動史』田近英一著（化学同人）
- 『NHKスペシャル 地球大進化 46億年・人類への旅（1 ～ 6巻）』
  NHK「地球大進化」プロジェクト編（NHK出版）
- 『生物の進化 大図鑑』マイケル・J・ベントン他監修（河出書房新社）
- 『Newtonムック 大地と海を激変させた 地球史46億年の大事件ファイル』（ニュートンプレス）
- 『Newton別冊 なぜ，「水と生命」に恵まれたのか? 地球 宇宙に浮かぶ奇跡の惑星』（ニュートンプレス）
- 『Newton別冊 生命創造から人類の誕生まで 生命史35億年の大事件ファイル』（ニュートンプレス）
- 『Newton別冊 最前線の研究者が挑む 生命に関する7大テーマ』（ニュートンプレス）
- 『Newton別冊 地球のしくみをくわしく図解 よくわかる地球の科学』（ニュートンプレス）
- 『ニュースでわかる! 宇宙』（学研パブリッシング）
- 『図解入門 最新地球史がよくわかる本』川上紳一・東條文治著（秀和システム）
- 『一冊で読む 地球の歴史としくみ』山賀進著（ベレ出版）
- 『地球と生命の共進化』川上紳一著（NHK出版）
- 『月のかぐや』独立行政法人宇宙航空研究開発機構(JAXA)編著（新潮社）
- 『「地球科学」入門 たくさんの生命を育む地球のさまざまな謎を解き明かす!』
  谷合稔著（ソフトバンククリエイティブ）
- 『フォトサイエンス 生物図録』鈴木孝仁監修（数研出版）
- 『恐竜はなぜ鳥に進化したのか 絶滅も進化も酸素濃度が決めた』ピーター・D・ウォード著（文藝春秋）
- 『カンブリア爆発の謎 チェンジャンモンスターが残した進化の足跡』宇佐見義之著（技術評論社）
- 『眼の誕生 カンブリア紀大進化の謎を解く』アンドリュー・パーカー著（草思社）
- 『小学館の図鑑NEO POCKET 恐竜』（小学館）
- 『学研の図鑑 恐竜・大昔の生き物』（学研教育出版）
- 『生きもの上陸大作戦』中村桂子・板橋涼子著（PHP研究所）
- 『大量絶滅がもたらす進化 巨大隕石の衝突が絶滅の原因ではない?
  絶滅の危機がないと生物は進化を止める?』金子隆一著（ソフトバンククリエイティブ）
- 『新編 理科総合B』（東京書籍）
- 『進化する地球惑星システム』東京大学地球惑星システム科学講座編（東京大学出版会）
- 『地球温暖化のしくみ』江守正多監修、寺門和夫著（ナツメ社）
- 『アストロバイオロジー ―― 宇宙が語る〈生命の起源〉』小林憲正著（岩波書店）
- 『スーパーアース 地球外生命はいるのか』井田茂著（PHP研究所）

●『生命には意味がある どれだけの奇跡の果てに僕らはあるのか』長沼毅著（メディアファクトリー）

●『オールカラー 深海と深海生物 美しき神秘の世界』
独立行政法人海洋研究開発機構（JAMSTEC）監修（ナツメ社）

●『宇宙ウォッチング』沼澤茂美・脇屋奈々代著（新星出版社）

●『徹底図解 地球のしくみ』（新星出版社）

●『徹底図解 宇宙のしくみ』渡部潤一監修、坂本志歩著（新星出版社）

参考ホームページ

● NASA
https://www.nasa.gov/home/index.html

● The National Oceanic and Atmospheric Administration (NOAA)
https://www.noaa.gov/

● U.S. Geological Survey(USGS)
https://www.usgs.gov/

● The PALEOMAP Project
https://www.scotese.com/

● Snowball Earth
https://www.snowballearth.org/

● 宇宙航空研究開発機構（JAXA）
https://www.jaxa.jp/

● 宇宙科学研究所（ISAS）
https://www.isas.jaxa.jp/j/index.shtml

● 独立行政法人海洋研究開発機構（JAMSTEC）
https://www.jamstec.go.jp/j/

● 国立科学博物館
https://www.kahaku.go.jp/

● 福井県立恐竜博物館
https://www.dinosaur.pref.fukui.jp/

● The Burgess Shale
https://burgess-shale.rom.on.ca

● ナショナルジオグラフィック 公式日本語サイト
https://natgeo.nikkeibp.co.jp

● サイエンスポータル
https://scienceportal.jst.go.jp

● 月探査情報ステーション
https://moonstation.jp

● 京都大学霊長類研究所WEB博物館
http://dmm.pri.kyoto-u.ac.jp/dmm/WebGallery/dicom/publicTop.html

● 気象庁
https://www.jma.go.jp/jma/index.html

● 全国地球温暖化防止活動推進センター
https://www.jccca.org/

監修者略歴

田近英一（たぢか・えいいち）

東京大学大学院理学系研究科地球惑星科学専攻・教授。理学博士。東京大学理学部地球物理学科卒業。東京大学大学院理学系研究科地球物理学専攻博士課程修了。専門は地球惑星システム科学、比較惑星環境進化学、アストロバイオロジー。地球や惑星の表層環境の進化や変動、安定性等に関する幅広い研究を行っている。2003年第29回山崎賞、2007年日本気象学会堀内賞受賞。公益社団法人日本地球惑星科学連合理事・前会長、日本学術会議第三部会員／地球惑星科学委員会委員長。著書に『凍った地球―スノーボールアースと生命進化の物語』（新潮社）、『地球環境46億年の大変動史』（化学同人）、『惑星・太陽の大発見　46億年目の真実』（新星出版社、監修）等がある。

本書は当社刊『【大人のための図鑑】地球・生命の大進化』（2012年初版発行）を加筆訂正し、一部の写真を変更したものです。

【大人のための図鑑】
新版 地球・生命の大進化

2023年6月5日　初版発行
2024年4月15日　第2刷発行

監修者　田近英一
発行者　富永靖弘
印刷所　誠宏印刷株式会社

発行所　東京都台東区台東2丁目24　株式会社 新星出版社
〒110-0016　☎03(3831)0743

ISBN978-4-405-10819-6